イラストでわかる

安心イネつくり

新版

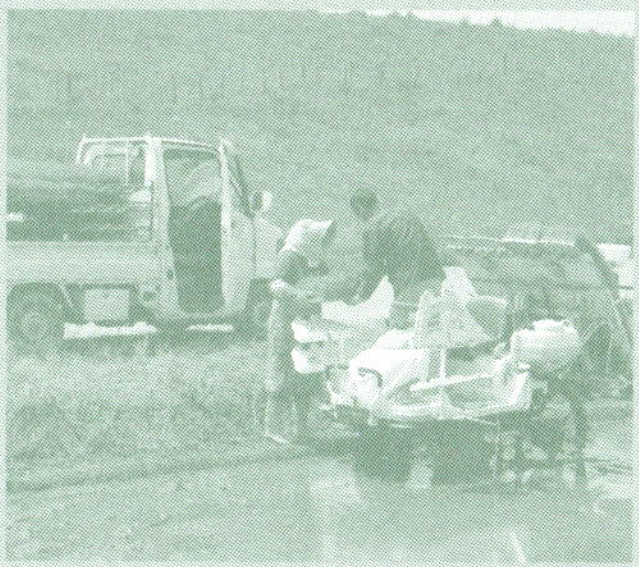

山口正篤 著

農文協

まえがき

作物を育てるというのは、本来楽しいことです。しかし、イネつくりのように、周りの人がみんな栽培していて、地域地域に名人がいて、「イネがちゃんとつくれて一人前」なんて雰囲気があると、栽培している面積が大きかろうと小さかろうと、常に人目にさらされているイネつくりは気が重い……。まじめな人ほど悩みはつきません。また、長年栽培している人でも、慣習、耳学問、周囲の見よう見まねで、基本的な知識をふまえていない場合も多いものです。

前著『あなたにもできる安心イネつくり』は、「コメどころの特別高い反収を目標としている熱心な農家に向けたイネつくりの本ではない。育苗や穂肥を迷わずにやれて、水管理その他中間の手間や気づかいが少なく、良食味米を倒さずに、しかも天気がよくない年でも、また、コメがあまりとれない地域でもこれまでより一俵増収する」ことをめざして上梓しましたが、この新版は、その後の育苗方法、肥料や農薬などの開発もふまえて、イネつくりが省力的で、さらに楽しくなる技術となるようバージョンアップしたものです。

耕し方のちょっとしたコツ、省力的な育苗、悩むことなく穂肥がやれる植え方と施肥、ラクに省力的でいて、倒すことなくおいしいコメを一俵増収できるイネつくり技術。兼業農家のお母さん、定年を迎えて帰農したお父さん、新しい生き方を求めて新規就農したみなさん、さらには趣味でイネを栽培してみたい人、もちろん、忙しい複合経営や、仕事を省力的にすすめたい大規模農家にもぴったりの方法です。

毎年のように激変するお天気は、以前にもましてイネつくりを悩み多きものにしています。でも、この本でお届けする「じっくりイナ作」技術は、どんな天候にも振り回されることなく対応できるシンプルな技術。シンプルだからこそ、悩みも激減します。この本が多くのみなさまのお役にたつことができれば、これ以上うれしいことはありません。

令和元年十月

山口正篤

じっくりイナ作●目次

PART Ⅱ さあ試してみよう　じっくりイナ作　実際編

PART Ⅲ 話題の技術にじっくりイナ作をいかす　応用編

イラスト　トミタ・イチロー

PART Ⅰ

手間を省いて 楽しく一俵増収

じっくりイナ作のガイドライン

イネの一生をつかんでおこう

　イナ作農家の誰もが、おいしいコメを安定してたくさんとりたいと願っている。しかし、天気に左右されやすく、収量はなかなか安定しない。収量が安定しないだけでなく、従来のイネづくりでは手間もけっこうかかり、あれこれと気をつかうことも多い。どうすれば、悩まず楽しく、手間を省いて一俵増収できるのか？　そのためには、相手を知ることだ。イネの一生と肥培管理をながめながら、手の打ち方、手の抜き方を考えてみよう。

　左ページの図が、イネの一生とおもな作業だ。

　種まきをして苗を育て（育苗期）、その間に、苗を植える田んぼの準備をする（田んぼの準備：耕うん・代かきなど）。田植えをして除草剤を散布すると、イネがどんどん分げつし、茎数が増える（分げつ期）。この間、田んぼの水管理は浅水だが、必要な茎数が確保できたら間断かん水に入る。イネの茎数が最大となる最高分げつ期ころ、幼穂（穂のあかちゃん）ができる。幼穂ができると同時に、稈が伸びだしイネの草丈が急に伸びる。無駄な茎数が整理されて、太い茎の中で幼穂が大きくなってくる（幼穂発育期）。

　このころ施すのが「穂肥」と呼ばれている肥料で、穂を大きくし、登熟を良くするために施す。しかし、穂肥の時期が早すぎると、イネの姿を乱し、倒伏を助長する。やがて出穂期を迎え、この前後に必要に応じて病害虫の防除を行なう。

　開花し、稈長が伸びきると、玄米が徐々に肥大する（登熟期）。

　玄米の肥大が完了したころ、出穂後三〇日を目安に落水し、田んぼの土を固め、収穫に備える。出穂期から四〇

●イネの一生とおもな作業

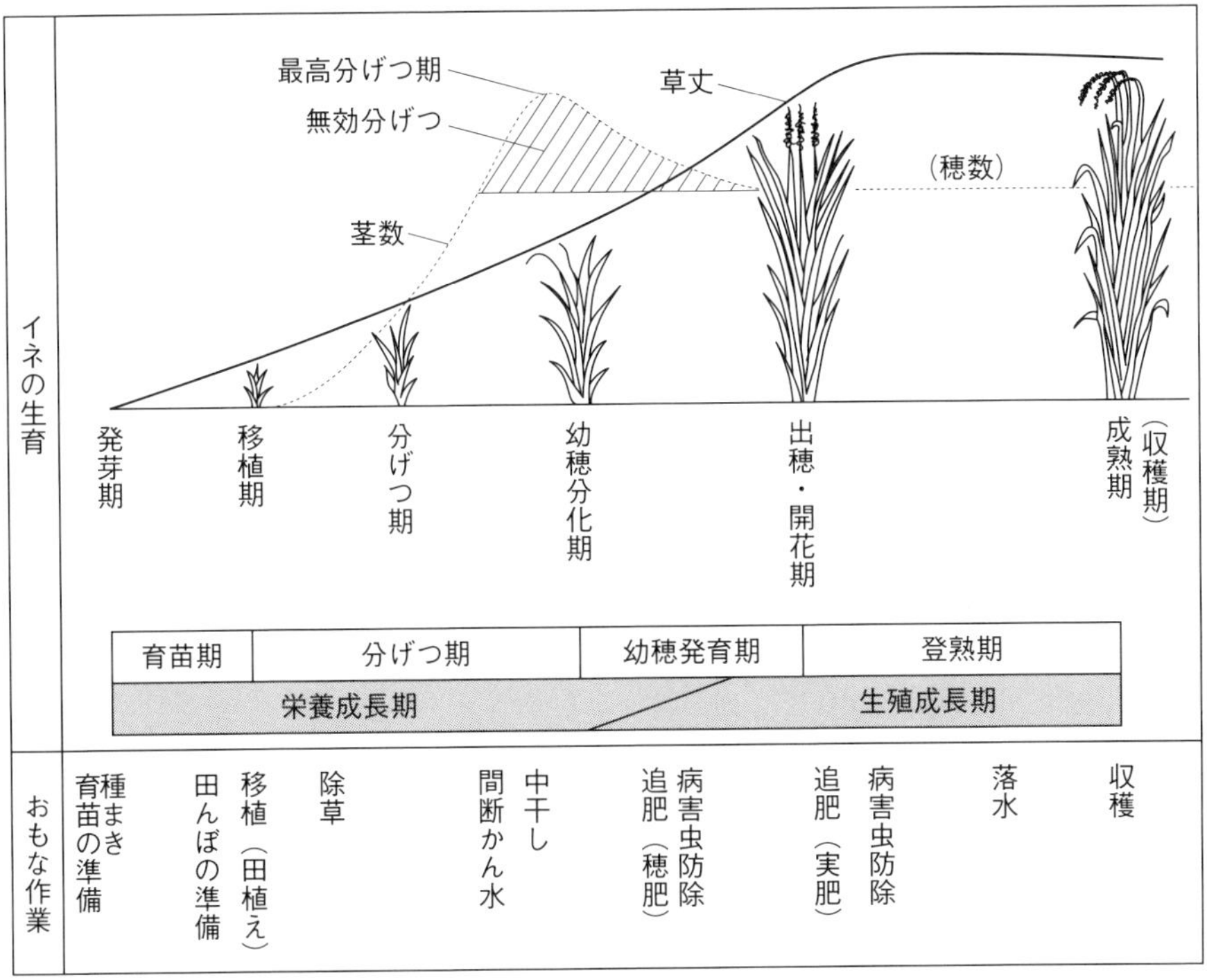

～五〇日でモミが黄変し、収穫期を迎える（成熟期）。

このイネの一生をまず頭に入れて、省力的かつ効率的なイネづくりをして、一俵増収する技術について考えていくことにしよう。

「じっくりイナ作」のすすめ

悩みの原因はなにか……これまでのイネづくりの落とし穴

従来のイネづくりとは、基肥を多くやり、植え付け本数も多い（大苗植え）やり方のことだが、こうしたイネづくりではとくに、穂肥をめぐっていろいろなゴタゴタがおきやすい。

ふつう、農家は葉の色を見て肥料をふるが、天気の良い年は早くから茎数が多くなる一方、葉色が早くから淡くなりやすい。葉色が落ちると穂肥の時期まで待てずに、肥料（つなぎ肥）をふりたくなる。つなぎ肥をやると葉色が濃くなるが、天候によっては色がなかなかさめず、穂肥をやるべきかどうかの判断がむずかしくなる。

迷った末に穂肥をやると倒伏を招きやすく、といってやらなければ登熟期に下葉が早く枯れ上がる秋落ちイネになってしまう。つなぎ肥をやると、穂肥の判断がむずかしくなるだけでなく、収量も不安定になってしまう。

一方、天気が悪い年は、茎数の増え方が遅く、葉色は濃い状態で経過する。雨が多く、中干しがきちんとできなければ、チッソがいつまでもダラダラ効いてしまう。そのまま穂肥時期を迎えると、葉色が濃くて穂肥を控えようということになるが、その結果、穂は小さくなり、低収になってしまう。

穂肥を安心して打てない、それが従来のイネづくりの特徴だ。天気が良く、中干しもきちんとやれて穂肥がしっかり打てる年は良いのだが、なかなかそうは問屋がおろさない。とくにコシヒカリのような倒れやすい品種が主流になってから、倒伏を心配するあまり、穂肥をやらなかったり、やっても遅すぎたりして、穂が小さく秋落ちしやすいイネが多くなった。

おとなしいイネなのに倒れてしまう

倒伏には、茎が伸び、イネが繁りすぎて倒れる過繁茂タイプと、後半にイネが栄養失調になってベタッと倒れる秋落ちタイプがある。少し前までは、過繁茂タイプが多かったが、最近では、おとなしいイネなのに倒れてしまう秋落ちタイプが多くなった。これも穂肥がきちんと打てないからである。後半

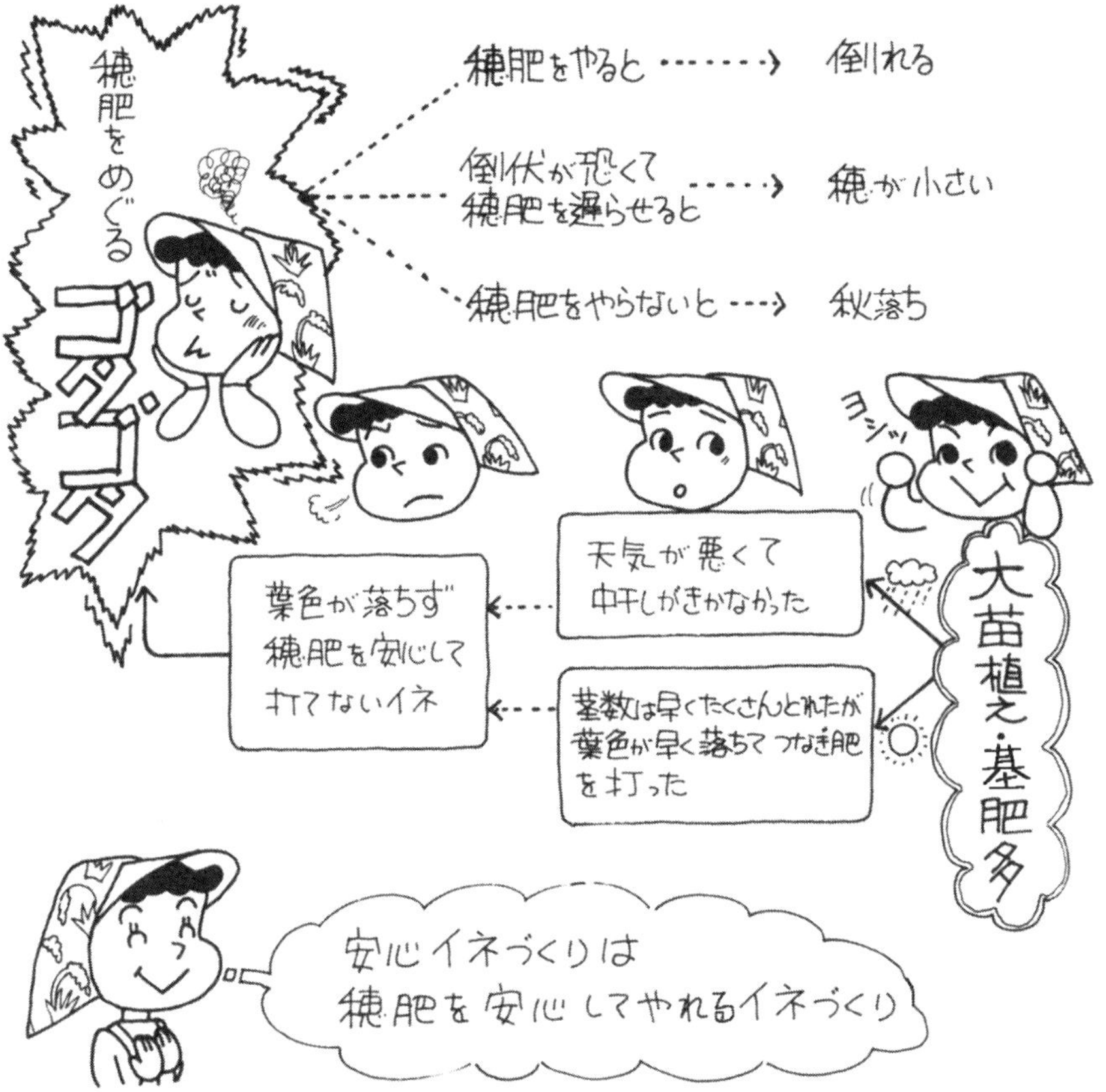

の肥料が多くて倒伏していると思っている農家が多いが、実際は、後半の肥料不足で倒伏している例が案外多いのである。

　しかも、穂肥や実肥を多くやるとコメがまずくなるといわれすぎていて、後半の追肥に消極的になりがちだ。近年、登熟期の異常高温による障害で米質低下が多発しているが、これも登熟期の肥料不足が関係していることがわかってきた。

　手間をかけ、気をつかうわりにコメがとれない。穂肥もたいしてふらずおとなしいイネなのに倒伏してしまう。そんなイネづくりを見ていて共通することは、耕起や田植えは手を抜いて作業を早くやるが、育苗や田植え後の補植、それに水管理やつなぎ肥など、中間の管理に手をかけすぎていることだ。

　これに対し、本書で紹介する「じっくりイナ作」は、ちょうど逆になる。

耕起や田植え作業は少しゆっくりやるが、補植はやらない、つなぎ肥もやらない、水管理は一番気をつかわない間断かん水で通す、いわば植えた後はなにもしないやり方だ。そして穂肥の時期だけは天候や生育のようすを見て、しっかり施す。じっくりイナ作は、安心して、つまり倒伏など気にせずに穂肥を打てるイネづくりである。穂肥を迷わずに打てるのは、基肥を少なくし、小苗植え（植え込み本数が少ない）にして、じっくり育てるからである。

じっくり型生育によってイネづくりの仕組みや作業が単純になり、ゴタゴタしないから、イネがよく見えてきて楽しくなってくる。手間や気づかいを三割減らして一俵増収できる、そんなイネづくりだ。栃木県では、このじっくりイナ作が県全体に広がっており、大きな成果が上がっている。

多収技術のマネでは苦労する

基肥を多くし、大苗植えすると気をつかうイネづくりになってしまうが、そのうえイネづくりをややこしくしているのは、さまざまなイネの多収技術である。

V字イナ作、への字イナ作、疎植栽培、深水栽培など、いろいろなイネづくりがあり、熱心な農家が大変高い収量を上げて話題になっている。しかし、そうした多収技術で実際に多収を実現している農家には、それなりの条件やイネの見方、作業のポイントがあるのであり、ふつうの農家が部分的にマネをしてもうまくいくものではなく、むしろイネづくりをますますややこしくすることが多い。少し整理してみよう。

「V字イナ作」で苦労する場合……強い中干しができない

V字イナ作とは、早めに茎数を確保し、生育中期に中干しをしてチッソを切り、いったん葉色を落として、それから穂肥をしっかり打つというやり方で、一般的に指導されているイネづくりは、このV字型のイネづくりである。生育中期に肥効を落とすので、V字型と呼ばれる。

このV字イナ作の場合、初期の茎数確保と、強い中干しがポイントとなる。しかし、中干しの時期は梅雨でもあり、中干しがうまくできないと、その後は手の施しようがなく、細い茎なので倒伏してしまう。穂肥や穂ぞろい期追肥はその場合十分できない。年による好不調が大きく不安定な結果になってしまう。

「への字イナ作」で苦労する場合……中途半端で倒伏を招く

V字イナ作には前項で書いたような弱点があるため、V字とは逆に中期の栄養状態を高くもっていくやり方が「への字イナ作」だ。への字栽培の場合、ほとんど基肥チッソなしの状態で出発し、中間で四～五キロ（成分量）のチッソを施用し、穂数がかなり少ないかわりに穂が大きいイネをめざしている。

このへの字栽培では、本来成苗を疎植にするのも大きなポイントだが、実際は施肥だけを変えて、従来どおりの稚苗で密植ですませていることが多い。成苗を育苗するのが大変だという理由で中途半端になってしまう。その場合は中間の追肥とあいまって倒伏が多くなってしまう。

への字では茎が太くなるが、中間の追肥で茎も伸びやすいからだ。そのバランスがなかなかむずかしく、経験を要する。

「じっくりイナ作」の場合……ほどほどのイネづくりで安心

以上、V字とへの字という両極端のイネづくりの特徴と、それが現実にはなかなかうまくいかない事情を述べたが、じっくりイナ作は、この両者の中間のイネづくりだと思ってもらえばよい。穂肥をしっかりやれる点ではV字に似ているが、初期の生育を急がずゆっくり育てるという点では、への字に近い。V字の良さとへの字の良さをほどほどにあわせ持つ、中庸のイネづくりである。無理せずにほどほどの線をねらおうというわけで、これで面倒なことをいわず一俵増収しようというのである。

小さい兼業農家が増える一方、イネだけではやっていけないので園芸に力を入れている複合農家がいる。どちらもできるだけイナ作には手間をかけず、気もつかわず、それでいて安定した収量を上げたいと考えている。また担い手が老齢化し耕作放棄さえも出てくるなかで、委託を受けてがんばってやっていこうとする農家もあらわれている。そういう農家は一〇ヘクタール以上作付けするイナ作中心であるが、規模が大きくてなかなか手間をかけられない。中規模で、イナ作にじっくりと手をかけられる状況ではなくなってきている。

じっくりイナ作は手間をかけて多収をねらうのではなく、手間をかけずに

●従来のイナ作

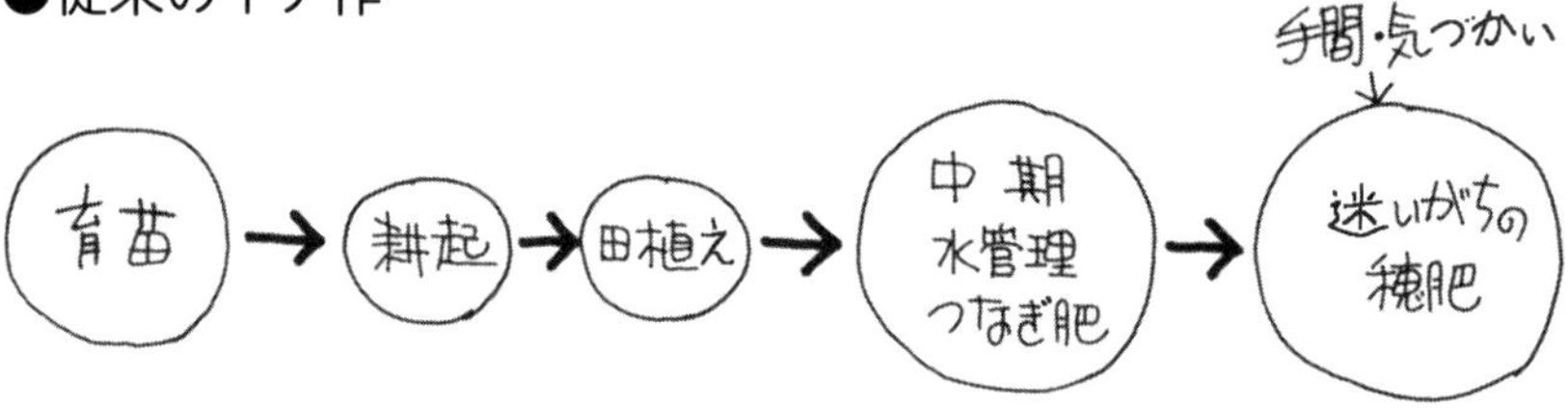

●安心イネづくり

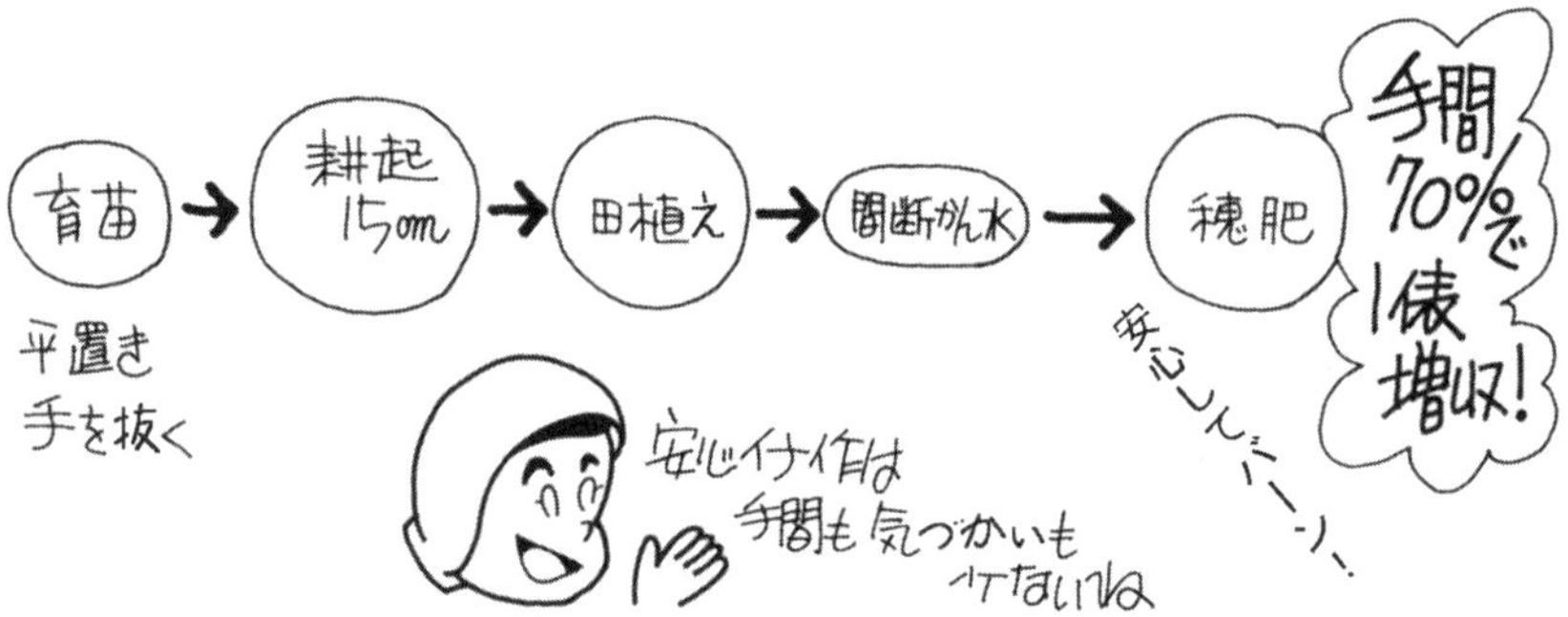

今より一俵増収する栽培法である。それは従来の栽培法を大きく変えずに、ポイントだけおさえるイネづくりになる。はじめから終わりまで最善の手を打つのは労力的にも無理だから、次善の手を採用し組み立てるという考え方だ。そのぶん気をつかう場面を少なくし、手間をできるだけ省く。また、平置き出芽法や緩効性肥料の利用など、新しい省力技術も取り入れている。

じっくり型イネづくりは土台とスタートを改善し、イネは小づくりでじっくり茎を確保し、中間の手間をかけない。太い茎をつくり、デンプンの蓄積の多いイネをつくる。そして、その年の気象変動、イネの生育に応じて穂肥時期を決める。こうして全天候型の秋まさりのイネをつくる。決して特別な栽培法ではなく、ポイントをつかめば誰でも取り組める。

従来の慣行栽培と比べると、手を抜く点は逆になる。収量の目標は六〇〇～六六〇キロ（一〇～一一俵）程度で、これまでより一俵増収することを目標とする。

じっくりイナ作　五つの柱

じっくりイナ作の特徴（目標）は、①耕深一五センチの確保、②薄まき・小苗（一株四～五本）植え、⑤基肥チッソを思い切って減らす、④水管理は間断かん水（場所によっては軽い中干し）によってじっくり茎を確保、⑤穂肥の時期だけは生育を見て判断し、効果的な穂肥を打つ。こうして秋まさりのイネづくりを実現するのである。

この五つの柱は決して特別な方法ではない。従来の方法をちょっと改善すればできる。実際この栽培法を取り入れて栃木県のイネの収量がだいぶ安定してきた。特定の熱心な農家だけが取り組めるのではなく、多くの農家、兼業農家、園芸農家、大規模農家も無理なく取り組めて地域全体のイナ作が改善されてきている。

イネの生育は当然その年の気象条件によってさまざまに変わる。茎数が多くなったといっては心配し、足りないといってはつなぎ肥をやるかどうかに頭をいためる。無効分げつを抑えようとして中干しをやるが、雨が降り続いてなかなか水が切れない。穂肥時期に葉色が落ちず、穂肥をやるかどうかわからなくなってしまう。じっくりイナ作では、そうした気づかいはいらない。

その年の生育によって、生育量が足りないとすれば穂肥の時期を早めればよいし、生育量が大きければ遅らせればよい。天候が多少変動しても倒伏の心配がなく、穂肥を安心してやれるし、その効果もよく上がる。施す量に悩むことなく、穂肥時期を動かすだけでその年の天候と生育に対応できるつくり方である。

茎数も少なくすっきりとした生育をするので、病害にも強くなる。気づかいをあまりしないで取り組める省力イナ作だ。

そこで、じっくりイナ作の五つの特徴と、私のいる栃木県でじっくり型イネづくりがどのように普及してきたかをおおまかに見てみよう。

①耕深を一五センチに

秋まさりのイネづくりの基本は土づくりであるが、堆肥の施用はなかなか思うようにすすまない。畜産農家との連携での堆きゅう肥の施用も増えてきているが、まだまだ少ない。そこで、じっくりイナ作では堆肥をやるといった面倒なことはいわず、イナわらの秋すき込みと土壌改良資材の施用、耕深の一五センチ以上の確保を呼びかけている。

●耕深は15cmはほしい

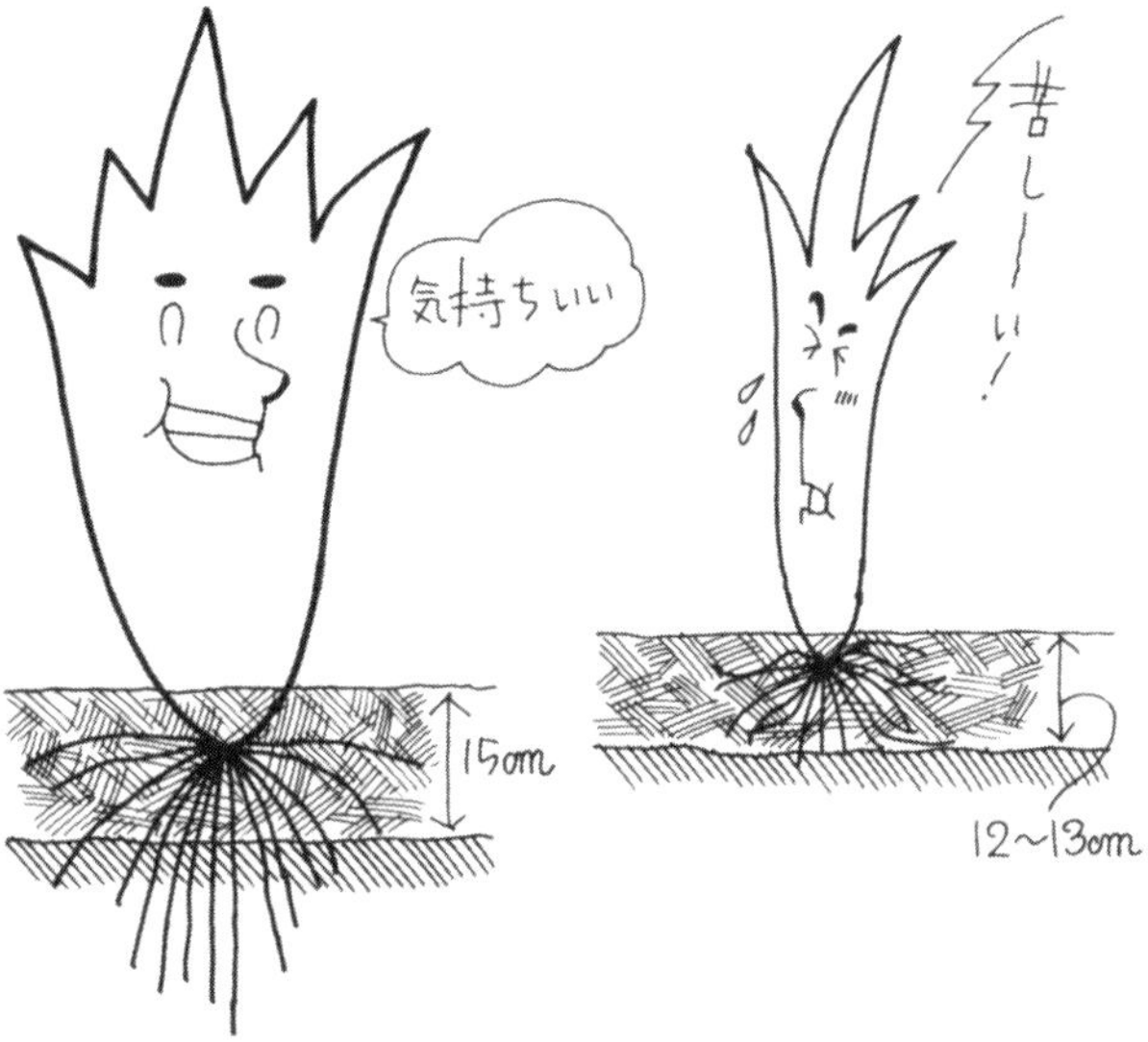

栃木県でも水田土壌の浅耕化、圧密化がすすんでおり、平均耕深も一五センチを切ってしまった。耕深が浅いと根張りも浅く、肥料も逃げやすく、肥料の気づかいが増えるばかりで、それでいて秋落ちや倒伏を招きやすい。だから耕深は一五センチはほしい。一五センチに耕すには耕すときのスピードを一段階落とすだけでよく、その気になれば誰でもできる。

②薄まき・小苗植え（一株四〜五本植え）

移植後の補植作業を軽減するため、農家はどうしても大苗植え（一株平均七〜八本植え）になりやすい。四〜五本植えに比べ七〜八本の大苗植えはそれだけで茎が細くなり五〜一五パーセント収量が低下し、倒伏もしやすくなる。また現在市販されている田植機で、どのくらい欠株が発生するかを植え付け本数との関係で調査したところ、平均四〜五本植えでは欠株が一〜二パーセント程度で、さらに欠株率が四パーセント以下ならば収量に影響しない。

その結果、播種量が乾モミ一箱当たり一五〇グラムならば一〇アール当たり一八箱、一三〇グラムの場合二〇箱で移植することを指針に、薄まき・小苗植えをすすめている。健苗を小苗に植え、太い茎をじっくりと確保し倒伏を軽減するのが、じっくり型イネづくりの出発点である。

③基肥チッソを思い切って減らす

かつての栃木県のコシヒカリ栽培の基肥チッソの基準（成分量）は、一〇

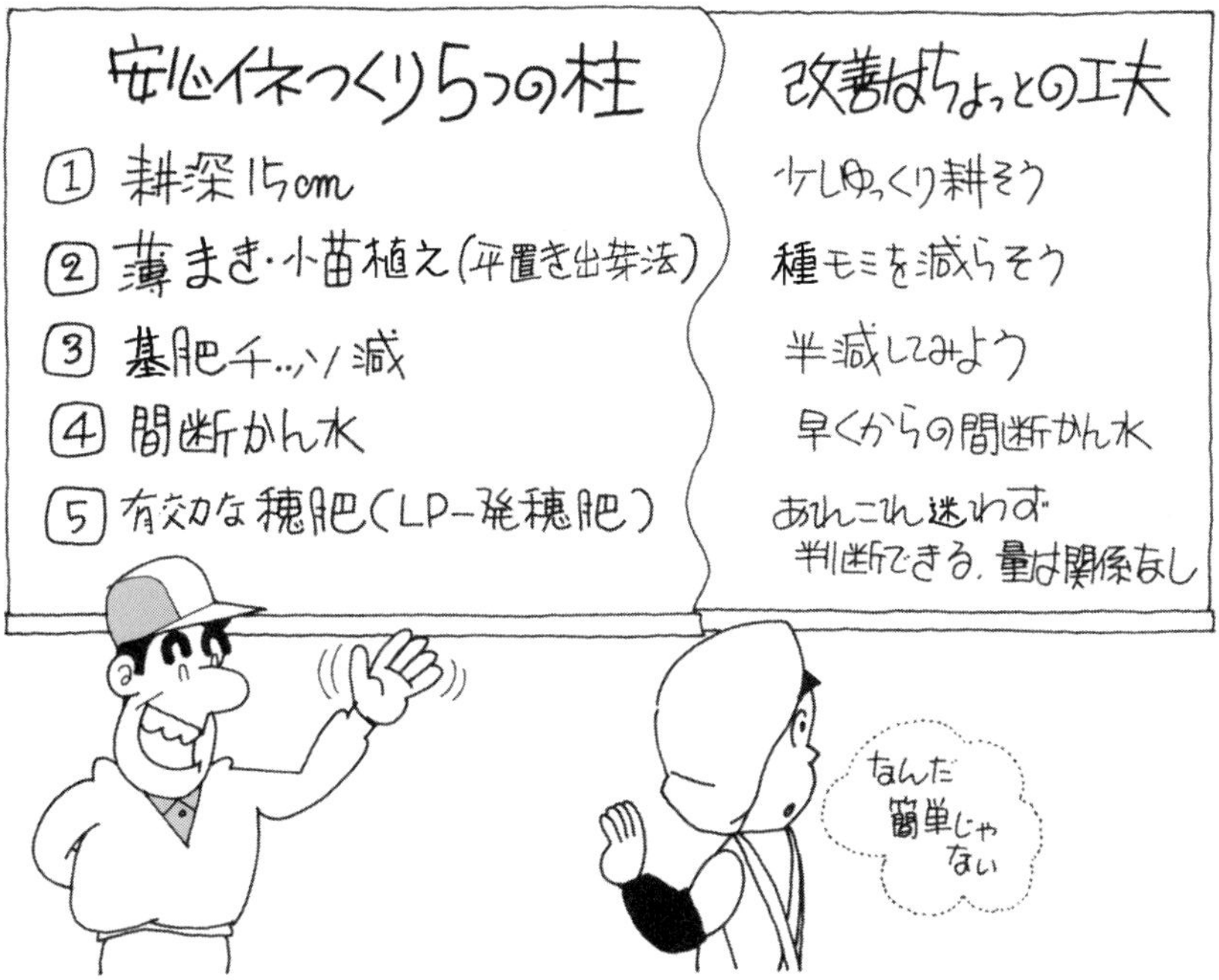

アール当たり五キロだった。ある程度のチッソを施用して早めに茎数を確保し、中干しを強めに行なって葉色を淡くし、出穂一五日前に穂肥をチッソ成分一・五〜二・〇キロ施用するというつくり方だった。前述した「V字イナ作」の考え方に準じたつくり方である。

　二回目の穂肥もしくは実肥は、天候の推移を見て、好天が続くようならば施用した。早い時期の穂肥は倒伏しやすくなるので、出穂一五日以前にはできなかった。このやり方では、中干しが十分に行なえた場合は、ある程度倒伏も軽くなり収量も向上したが、いかんせん中干しの時期は梅雨でもあり、中干しが十分行なえない年は無効茎が増え、茎も伸びてしまう。それに対する有効な対策もなく、倒伏が多くなる。こうして年次によって収量が不安定となった。

　それに対し、じっくりイナ作では小苗植えにしたうえに、基肥チッソを思い切って一〇アール当たり二〜三キロに減らす。当然、生育途中の茎数や最終の穂数は従来に比べ少なくなったが、茎が太く下位節間が短いため倒伏は軽くなった。また積極的に穂肥を打てるようになり、その結果、穂が大きくなり（一穂モミ数が増大し）、総モミ数は従来のつくり方と同等に確保できることがわかった。

●安心イネづくりの生育と管理

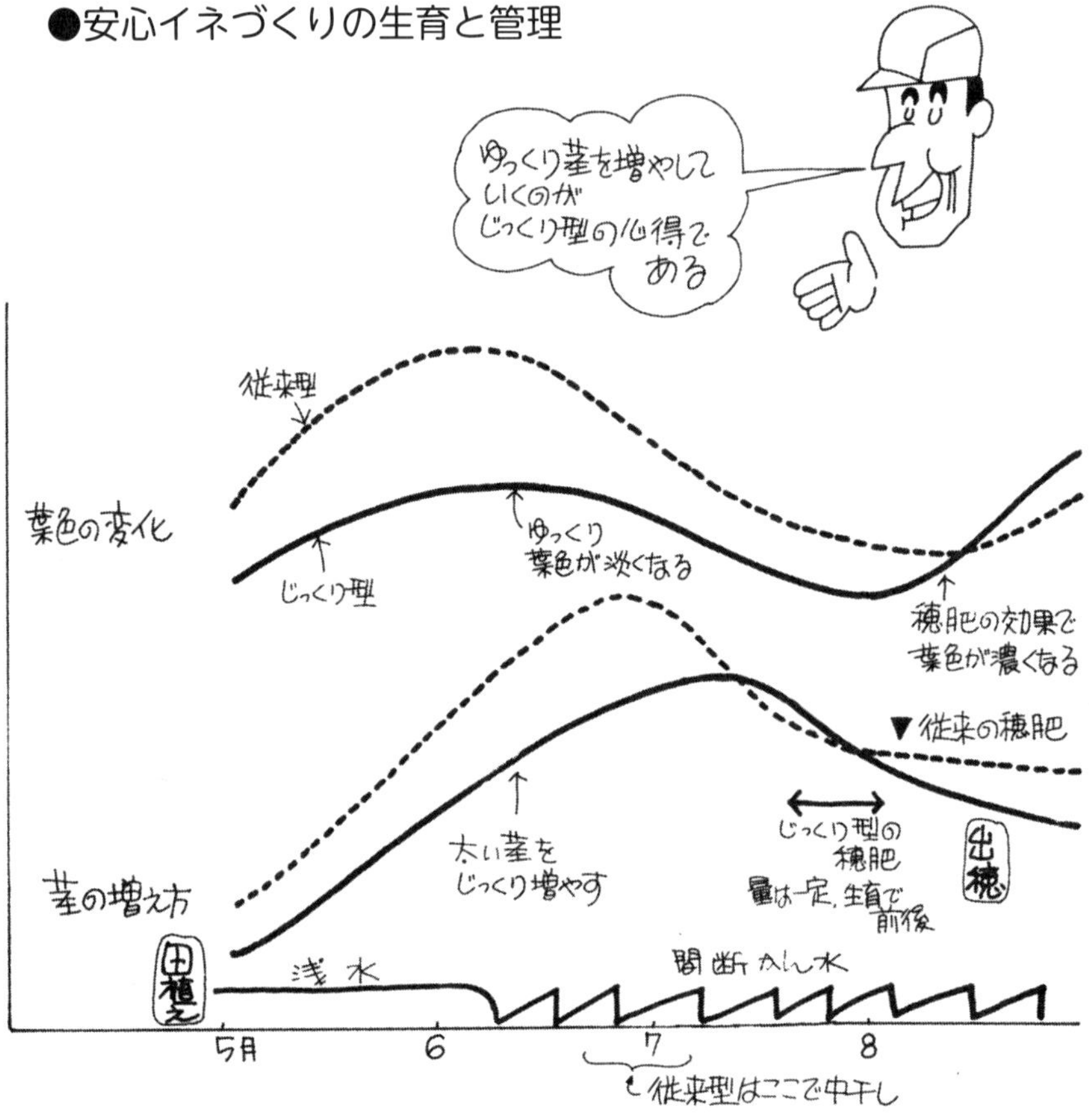

④水管理は気楽な間断かん水で通す

基肥チッソを減らし、一株植え付け本数を減らしたうえに強い中干しを行なったのでは、生育量の不足するイネになってしまう。だから、生育を制御する中干しはやらない。移植後四〜五週間ほどすると必要な茎数（平方メートル当たり三八〇本）は確保できるから、その後は間断かん水に入り、最後まで基本的に間断かん水で通す。水の減り方が少なく（減水深が小さく）、湿田に近い場合や地力の高い場合、あるいはその年の生育によっては軽い中干しを行なうが、基本的には早めの時期からの間断かん水で、太いそろった茎をじっくりと確保するのが特徴の一つである。田植え後の浅水管理の期間が短くなるから、そのぶん水まわり（水管理）もラクになる。

●じっくり型で倒伏軽減、1俵増収

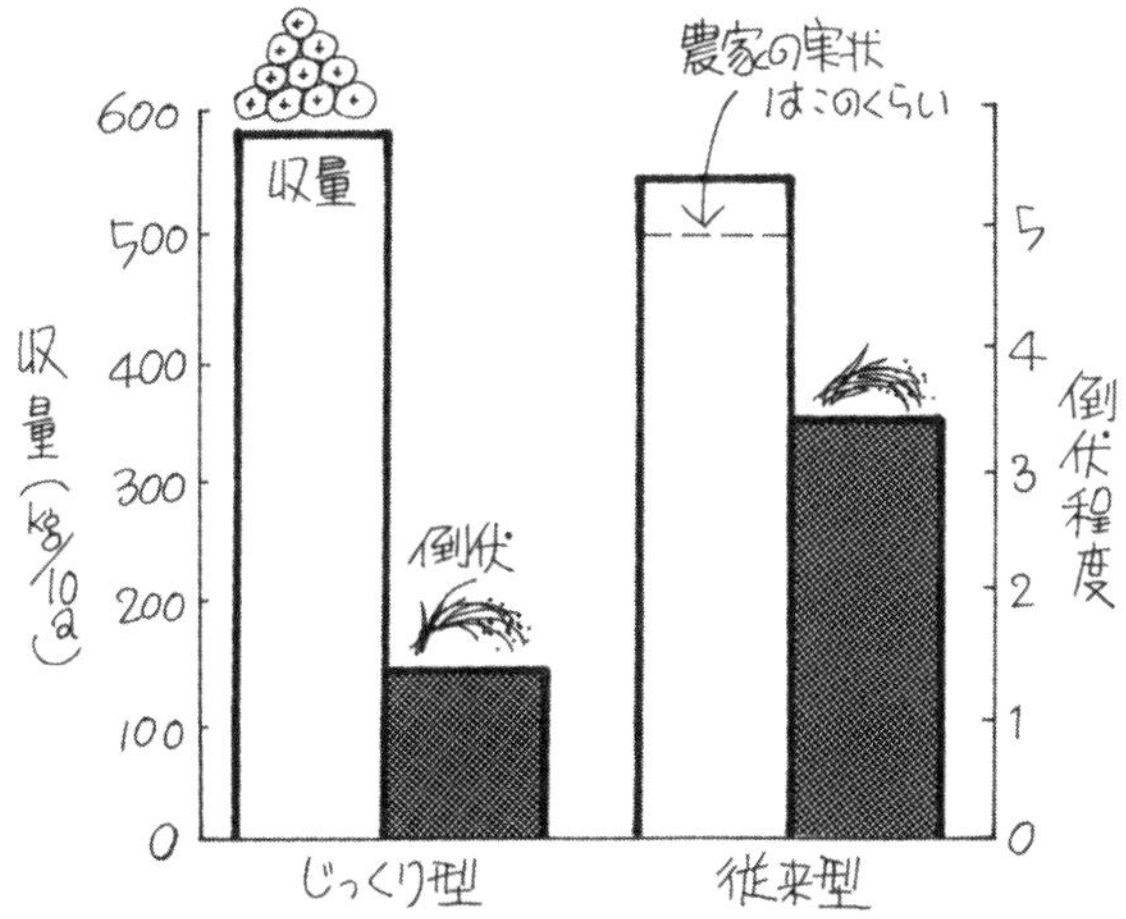

⑤有効な穂肥で秋まさり

じっくりイナ作は、葉色も出穂前三〇日ごろには淡くなってくる。この時期だけはイネをよく見て穂肥時期を決めるのだが、基本的には従来の追肥時期よりもやや早めに一回目の穂肥を施用できる。

施用チッソ量は一〇アール当たり二〜三キロで、やはり以前より思い切ってやれる。また同じ量を施用しても従来のイネよりも穂肥をよく吸収するようで、葉色も濃くなるし、一穂モミ数もかなり増加する。

さらに、二回目の追肥（穂ぞろい期追肥）も天候にあまり左右されず施用でき、それによって登熟がよくなり、一粒一粒のコメも重くなることが期待できる。積極的な追肥によって秋まさりのイネになる。

二回目の追肥によって出穂後の葉が長い間生きており、倒伏も一回施用よりも確実に軽くなる。ただし、穂ぞろい期以後の遅い追肥は玄米中のチッソを増やし、食味を落としやすいので避ける。

現在では緩効性肥料を含む一発穂肥が普及しており、穂肥の時期に一〇アール当たり三〜四キロ施用することで、穂ぞろい期追肥の効果をいかしながら、二回目の追肥を省略できるようになった。

上の図に従来型のイネづくりとじっくり型のイネづくりとの収量および倒伏程度の試験結果を示した。じっくり型イネづくりのほうが倒伏が軽く、収量もやや向上した。さらにじっくり型イネづくりは天気の変動に対応しやすく、年による収量差が少なく安定している。

じっくり型イネは姿形もじっくり型

じっくり型のイネは強い個性はないが、次のような特徴がある。そのイネの生育パターンのイメージを持つことが、周囲にまどわされず、自信を持って栽培に取り組むために大切だ。また秋に今年のイネづくりを反省し、来年にいかすステップとなる。

茎数は少なめで太い茎をじっくり確保

薄まきでよい苗をつくり、小苗に植える。基肥チッソも減らしてあるので、見た目の分げつ確保はゆっくりだ。しかし、株は込み合わず、耕深をある程度深くしてあるので根張りもよい。一本一本の茎は従来のイネより太くなる。早めに間断かん水に入って余分な分げつをできるだけ少なくし、確保した茎を大切に育てる。

出穂の三〇～四〇日前のイネの姿はすっきりとしており、葉もなびいたりしないで立っている。基肥チッソが少ないので出穂三〇日前ごろには葉色が淡くなってくる。

茎数を早めに多く確保しようとすると、できるだけ早植えにということになるが、茎数をじっくりとればよいので移植もそうあわてなくてすむ。

下位節間は短く倒伏しにくい

基肥チッソを控え、早めに間断かん水に入るため、節間が伸長するころ（穂のあかちゃんができる出穂三五日前ごろ）には葉色が淡くなり始め、茎は太いが倒伏に関係する下位の節間があまり伸びない。コシヒカリなどの倒伏に弱い品種は、茎数や穂数が多いと倒伏に弱くなる傾向がある。また最終の穂数は少なくても、途中の茎数が多いと茎が細く倒伏しやすくなる。その点でも、じっくり型は茎数や穂数がさほど多くなく、倒伏も軽くなる。

穂数は少なめ、穂は大きめ

茎数が少なめで経過し、最終的な穂数も従来より少なくなる。そうすると面積当たりの総モミ数（収量を上げるための器の数）が不足するのではないかと心配される。しかし、穂数が少ないと自然と穂が大きくなる。さらに穂肥が従来よりも早めに施用でき、基肥

●じっくり型イネと従来型イネの生育のちがい

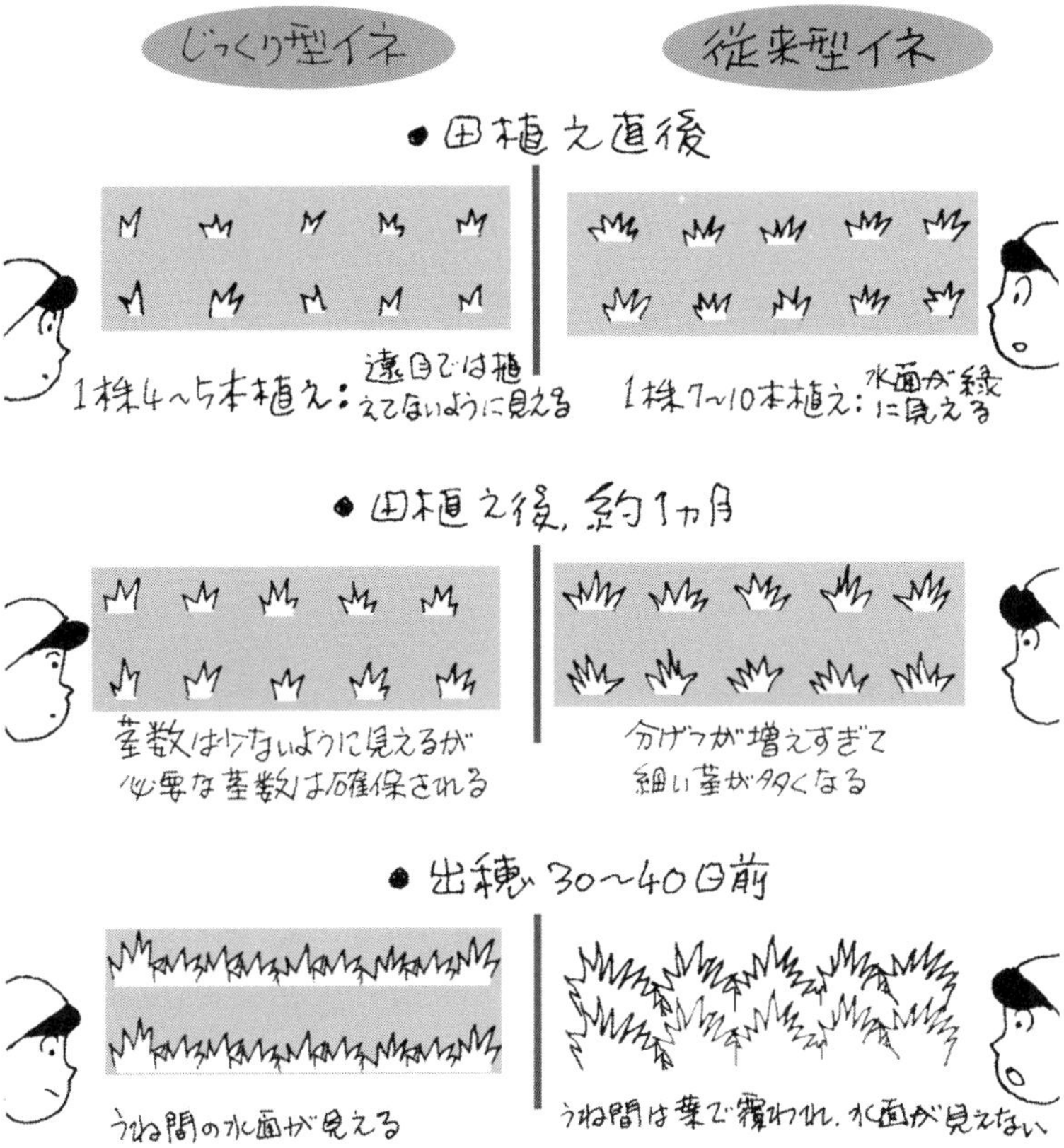

じっくり型イネ
従来型イネ
●田植え直後
1株4～5本植え：遠目では植えてないように見える
1株7～10本植え：水面が緑に見える
●田植え後，約1カ月
茎数は少ないように見えるが必要な茎数は確保される
分げつが増えすぎて細い茎が多くなる
●出穂30～40日前
うね間の水面が見える
うね間は葉で覆われ，水面が見えない

チッソが少ないイネは施用された穂肥を十分活用してくれる。その結果、穂が大きめになり、つまり一穂のモミ数が多くなり、面積当たりの総モミ数は従来並み以上に確保できる。

移植後の天候によっては、穂数が目標より少なかったりする場合もある。逆に茎数が多めになってしまう年もある。その場合でもじっくり型イネづくりでは、つなぎ肥などの施用はせず、穂数が少なくなりそうなときは穂肥を早めて穂をより大きくして総モミ数をカバーする。穂数が多くなりそうなときは穂肥を遅らせてバランスをとる。

根張りよく、追い込み追肥で登熟向上

じっくり型のイネは出穂前のデンプンの蓄積量が従来のイネよりも多いようである。穂が出た後モミにはデンプンがたまり登熟していくわけだが、そ

●下位節間が伸びると倒れるのだ

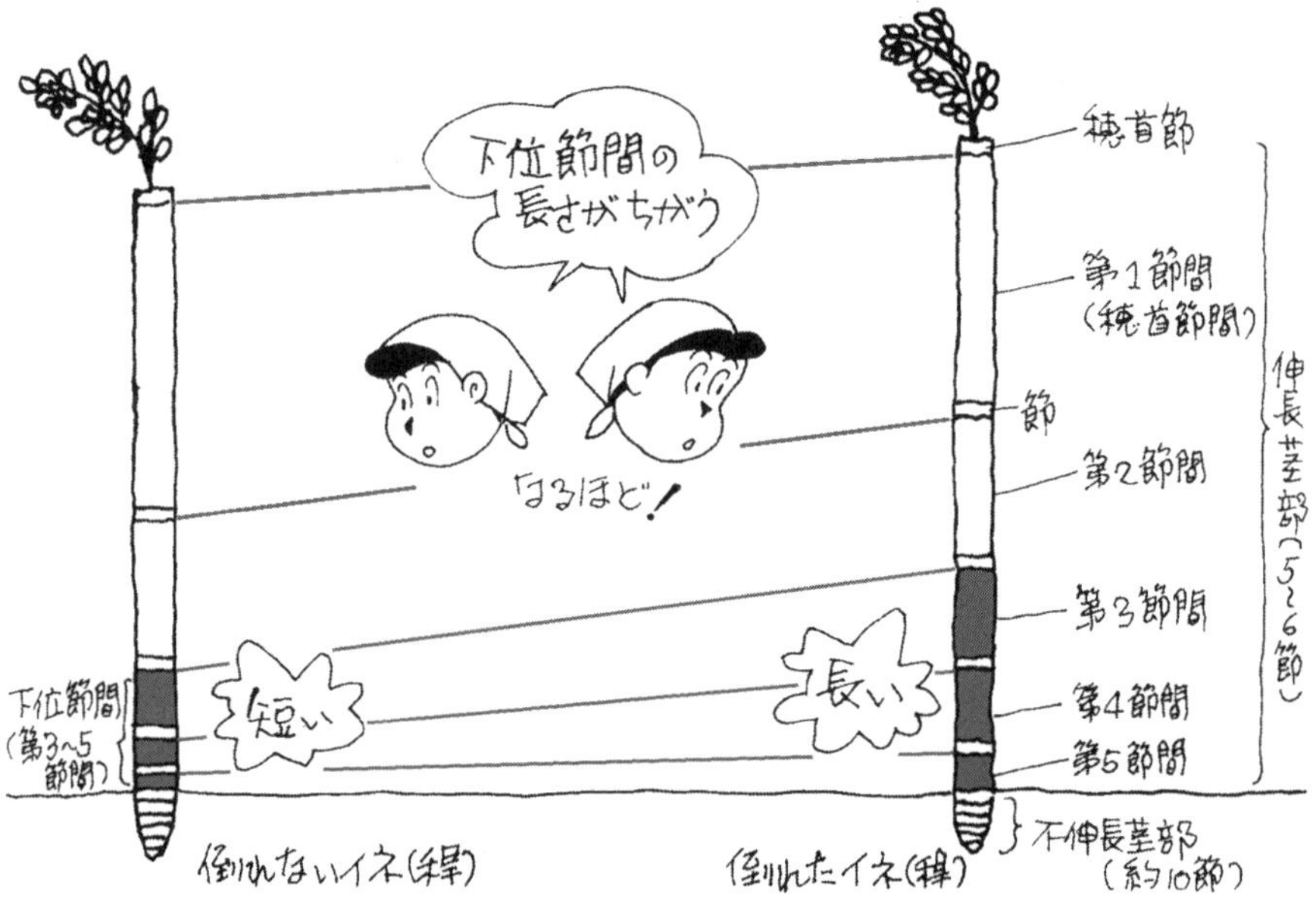

の登熟のよしあしは、実はこの出穂前の蓄積デンプンに左右される。とくに出穂後の天候が悪いときはその傾向が強い。

じっくり型イネは耕深がある程度確保されているので根張りもよく、じっくりと登熟ができ、秋まさりのイネになる。さらに、穂ぞろい期追肥（もしくは一発穂肥の効果）によってイネの機能が高まり登熟がよくなる。この追肥によって葉や葉鞘が生きていて倒伏が軽くなることも、登熟を高めてくれる。

じっくり型イネの収量の成り立ち

じっくり型は穂数に依存してモミ数を確保するのではなく、どちらかというと穂の大きさに依存する。

基肥を多めに施肥して穂数を確保した従来のイネでは、たとえばコシヒカリなど倒れやすい品種では、平方メートル当たりの穂数は四三〇～四五〇本が目標であったが、じっくり型では三八〇本程度で十分と考える。そのぶん一穂モミ数は平均九〇粒程度に増え、平方メートル当たりの総モミ数は三万四〇〇〇粒を確保する。登熟歩合は倒伏も軽いことから向上し、玄米千粒重も大きくなって収量も向上する。

あさひの夢のように穂数を多くとることが増収するうえで大事になるタイ

●じっくりイネの収量の成り立ち

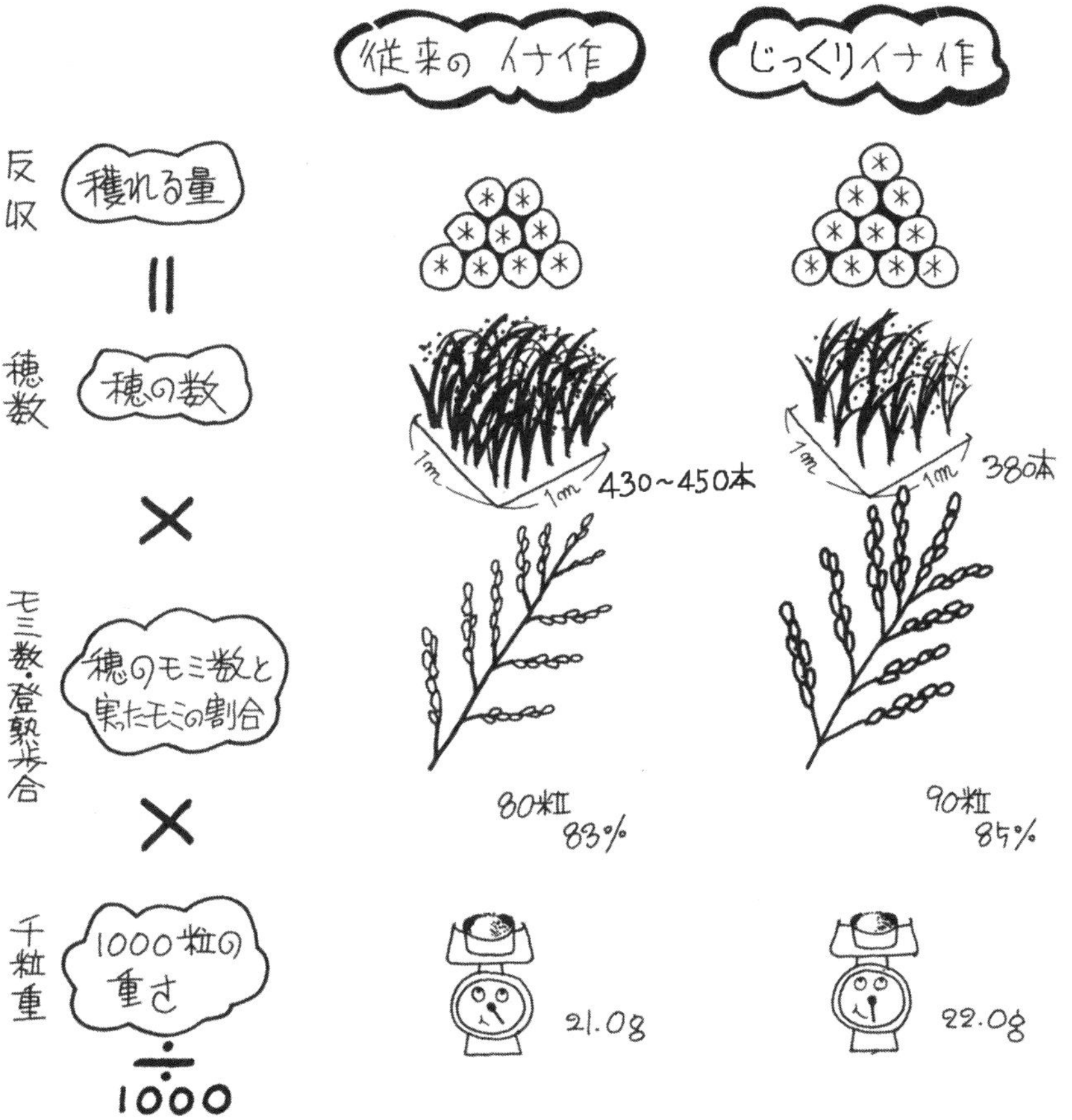

プの品種でも、穂数は従来五五〇本程度確保したが、じっくり型では四五〇〜四八〇本になる。ひとめぼれなど、コシヒカリほど倒伏しやすくなく、ある程度の穂数が必要な中間タイプの品種も、従来の穂数は四五〇〜四八〇本であったが、四〇〇〜四三〇本で十分と考える。コシヒカリの収量構成要素の目安を上の図に示した。

この場合、収量は一〇アール当たり六〇〇〜六六〇キロ（一〇〜一一俵）である。現在の収量をさらに一俵増収することを目標に収量を安定させるのが、じっくり型イネづくりの考え方だ。

試せばわかるじっくりイナ作のラクさ楽しさ

手間三〇パーセント減　一俵増収

　耕深一五センチと深くすると、耕起と田植え作業は従来の浅起こしのときよりゆっくりになるが、薄まき・小苗植えで準備する種モミ・苗箱数も少なくてすむので、育苗労力もそのぶん軽減する。省力的な平置き出芽（36ページ参照）にすれば、重い育苗箱を何回も運ばなくてもよい。さらに移植後の補植はやらないから、植えてしまえば楽勝である。

　茎数はじっくり確保し、目標の穂数は少なめなので、田植えもあわてて五月上旬だけに集中しなくてもよい。そのぶん田植え期間も長くとることができ、ゆっくり準備できる。大規模経営の場合は計画的に田植えができる。

　基肥チッソを減らした結果、いもち病やモンガレ病、害虫の発生が少なくなる傾向が認められ、防除作業も軽減する。

　水管理は基本的に早めに間断かん水に入り、あれこれ動かさない。中間でのつなぎ肥は施用しない。生育に応じて穂肥時期を決めればよい。追肥も背負い動散で能率的にやる。一発穂肥を使えば、穂ぞろい期追肥も省略できる。多くの点で手間を省いて、かつ穂数は少なめだが、穂の大きい秋まさりのイネになる。

　こうなると倒伏が軽くなり、登熟も向上して今以上の収量向上が望める。天候やイネの生育状況に対応して追肥時期を決めればよいので、とくに天候不順な年に、その力、柔軟さを発揮できる。こうして天気のよい年もあまりよくない年も一俵増収できる。とくに天気があまりよくない年でも減収させず、従来のやり方との差がつくのが、じっくりイナ作の特徴だ。また、関東以西の、これまであまりコメがとれていない地域（長野県を除く）で、より増収効果が期待できる。

　全国的に高い収量を上げている東北や北陸、長野県は、夏の昼と夜の温度差が大きく、また秋の日照量も多いので、自然にイネが小づくりになり、登熟もよいが、関東以西では、そうはなりにくい。中干しも梅雨の影響を受けてきっちりとはやりにくい。そうした、あまり収量が上がっていない地域で増収をはかるイネづくりが、このじっくりイナ作である。

反収六〇〇キロを七〇〇～八〇〇キロにするやり方ではなく、五〇〇キロを六〇〇キロに、六〇〇キロの人なら六六〇キロに引き上げる、誰でもやれるイネづくりだ。

もっとも、最近は東北でも、かつてのような穂数をたくさんとるササニシキから、ひとめぼれのような穂を大きくしないととれないタイプの品種に変わってきており、東北でも、じっくりイナ作の方法は参考になるだろう。

悩み・気づかい半減、楽しさ倍増

いくつかのポイントさえおさえれば、悩みや気づかいはずっと少なくなる。田植え時の欠株も気にしないし、田植え時期の幅も広がるからやきもきしなくていい。とくに中間の管理では、水のかけひきやつなぎ肥、茎数の多すぎなどに気をつかわなくてすむ。

倒伏が軽くなるので、コシヒカリなどの良質米栽培もラクになる。穂肥も穂ぞろい期追肥もやるかやらないか迷うことなく、施す時期の判断だけで施用できる。イネづくりのための手立てが単純になる。だから「ここだけおさえておけばよい」という安心感ができ、イネづくりも楽しくなる。

天候やイネの生育に応じた追肥時期の決定には最初とまどうかもしれないが、従来ある程度やってきたことの応用だし、後で振り返るのもその点がほ

肥料計算のやり方

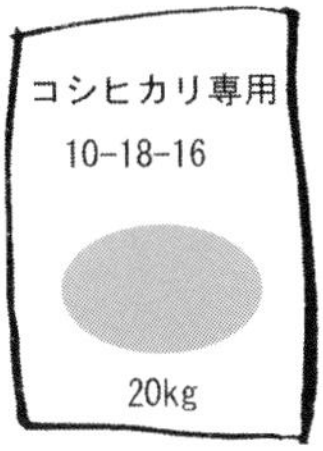

肥料袋には、図のように「●-●-●」といった数字が印刷されている。これが、その肥料に含まれている肥料成分％。たとえば、チッソ12％と書いてある肥料10kg中に、チッソ成分は10×0.12＝1.2kg含まれている。

施肥するとき、必要な肥料（製品、現物）を計算するには、施用したい成分量をその肥料の成分割合で割るとよい。

必要な肥料の量（kg）＝
施用したい成分量（kg）÷ 成分割合

（例）チッソ12％の肥料で、10a当たりチッソ成分3kgを施用したい場合

必要な肥料の量＝3÷0.12＝25kg

とんどだ。

　穂肥の時期によってイネの姿が変わり、収量が目標どおりいかなかったり、倒伏が予想以上に多かったりした場合は、その穂肥時期との関係を検討してみるとイネづくりの仕組みも見えてきて、楽しく技術も身につく。

栽植密度の計算法

　栽植密度とは面積当たりの株数のことで、1平方メートル当たりの数値が用いられるが、田植えでは、今でも坪当たりの栽植密度が使われることがある。

　この栽植密度は、田植え後のイネの生育を大きく左右する要素なので、計算の仕方を知っておくと何かと便利だ。計算の仕方は次のとおり。

●条間 30cm、株間 16cm で植えるとしたら

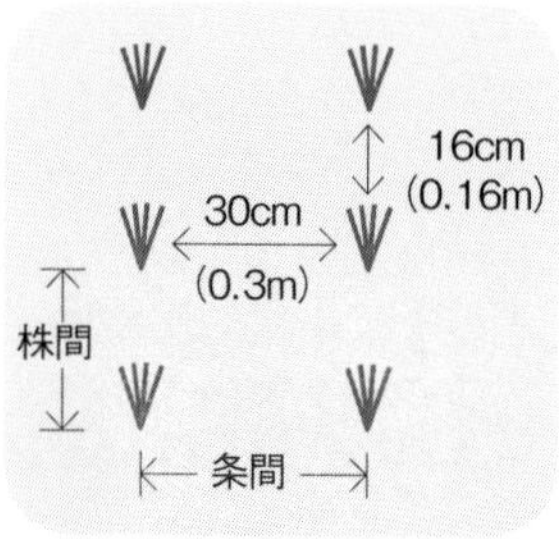

①1株当たりの占有面積を計算する
条間 30cm ×株間 16cm
　　＝ 0.3m × 0.16m
　　＝ $0.045m^2$

②面積当たりの株数
- $1m^2$ 当たり株数
  1 ÷ 0.045 ＝ 20.8 株
  （20.8 株 / m^2 と書く）
- 1 坪（$3.3m^2$）当たり株数
  20.8 × 3.3 ＝ 68.6 株
  （68.6 株 / 坪と書く）

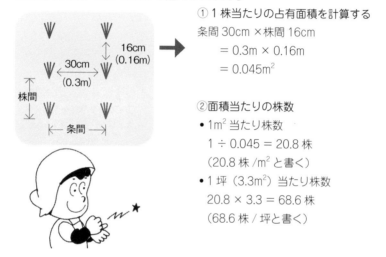

PART Ⅱ

さあ試してみよう
じっくりイナ作
実際編

じっくりイナ作の柱は五つである。①耕す深さを一五センチ以上とする、②薄まき・小苗植えとする、③基肥チッソを減らす、④水管理は間断かん水としてじっくり茎数を確保する、⑤生育診断に基づいて穂肥を施して秋まさりのイネをつくる。
まずは、苗を植える田んぼの準備から話をすすめていこう。

田んぼの準備

田植えまでの作業の流れ

田んぼの準備は、図のように、収穫後の秋起こしから始まる。その後一〜二回の耕うんを行なって、春先に必要があれば土壌改良資材を施用した後、作付けする品種にあった基肥を施用する。入水後、荒代と植代の二回の代かきをして田植えにのぞむ。その間に種子を用意して育苗し、移植する苗を準備する。種子は浸種、催芽を経て播種し、育苗ハウス内で管理をして田植えにのぞむ。

イナわらすき込みで土づくり

近年、水田の耕深がどんどん浅くなっている。私が住んでいる栃木県でも、五〇パーセント以上が一五センチ以下になっている。軽快に田植えをしている田んぼはだいたい浅い。一〇センチ程度の耕深だから、浅いところにできた堅い耕盤にのって乗用田植機を走らせれば軽快であろう。しかし耕深が浅いのだから、薄い弁当箱でイネをつくっているようなもので、初めの生育は良さそうだが、必ず秋落ち的な生育になってしまう。根が薄く張り、肥料の効きは早いが、じっくりと茎を太らせたり、穂を大きくし登熟を向上させるには向いていない。

土づくりのために堆肥を入れようと、昔からしつこくいわれたが、堆肥づくりはなかなかすすまない。それでも、畜産農家との連携が少しずつできてきている。畜産農家も良質の扱いやすい堆きゅう肥をつくるようになってきていて、家畜の糞尿も循環するようになってきたのは良いことである。このような堆肥ならば、水田に一〇アー

●田植えまでの作業の流れ

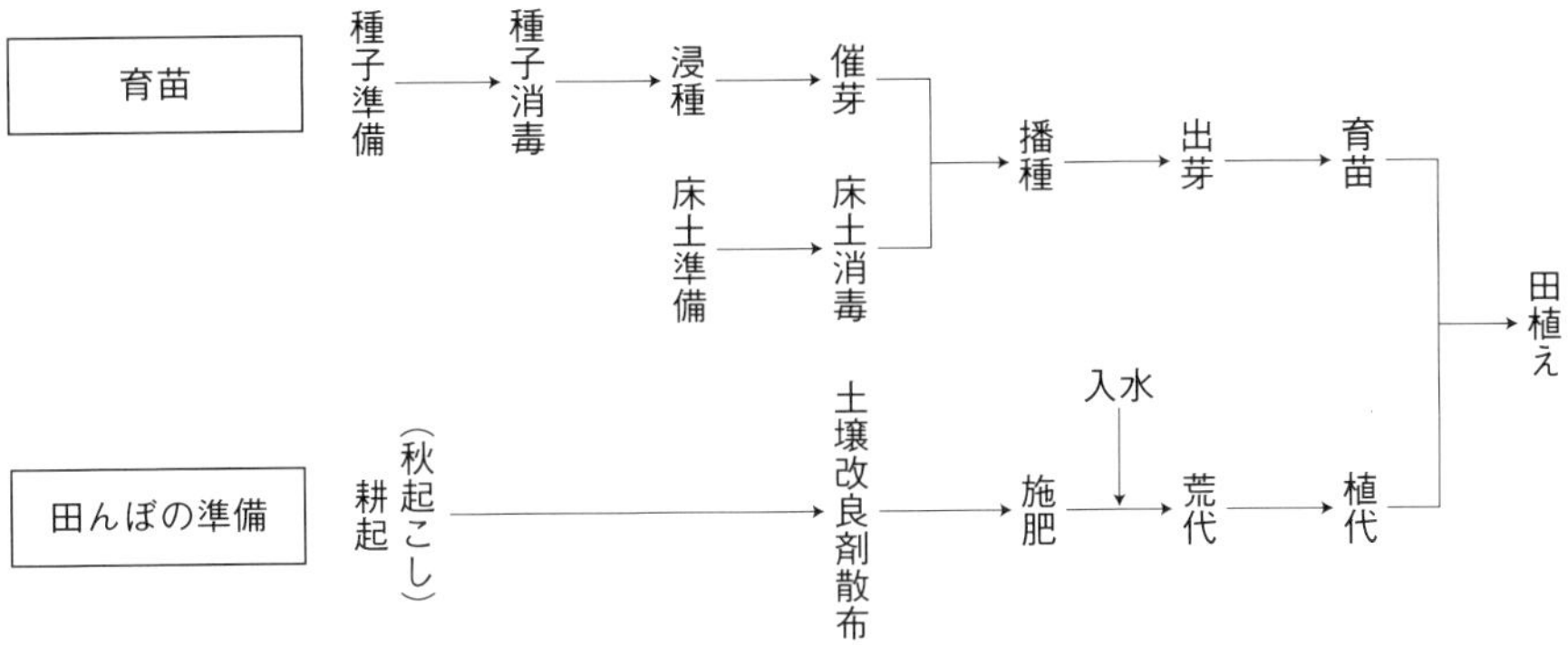

●じっくりイネの土づくり

ル当たり一～二トンを施用することができる。

「じっくりイナ作」では、無理に堆肥を入れようとはいわない。それでは秋まさりのイネをつくるための最低限の（次善の）土づくりはどうしたらよいのだろうか。それは秋起こしと耕深一五センチ以上の確保である。イネの収穫後なるべく早く一回目の秋起こしを行ない、イナわらをすき込む。まだ地温が高いうちにすき込むことで、イナわらは土の中で、春までに四～六割が腐熟する。堆肥を土の中で半分つくるわけだ。はじめてイナわらをすき込んだ場合には、田植え後まだ腐熟していないイナわらが分解するまでチッソが取られて、イネの初期生育が悪くなる。しかし三年も過ぎると安定してくる。いったん分解した有機物から逆にチッソが放出されてくるからだ。二回目の耕うんを寒さの来る冬の前に行なえば、寒さと乾燥で病害虫や雑草の防除効果も高まる。

耕深は一五センチ以上が目標

耕深は一五センチ以上とする。耕深を深くすると根が深く張り、秋まさりのイネとなる。耕深が浅いと田植え作業は軽快だが、秋落ちの生育となる。耕深一五～一六センチの耕深は、ロータリーで走行速度を落として耕うんすれば、通常のトラクターで十分確保できる。現状でも一二～一三センチになっており、トラクターの走行スピードを一速落としてあと二～三センチ深く起こせばよい。耕すスピードはやや落ちるので少し時間がかかる。安定した秋まさりのイネをつくるには、どこかは少し苦労しなければならない。それがこの耕深の確保とその後の田植え作業だ。機械がいずれも良くなっているので実際にはさほどでもないだろうが、「ここぐらい骨折ろう」という気持ちがその後の作業をラクにする。

では、耕深はどこから測るか。地表面から耕起した底の面までの深さだ（右図）。秋に最初の耕起をするときに、起こし初めに確認してみよう。よく、代をかいて田植えをするころに測って、

●耕深の測り方

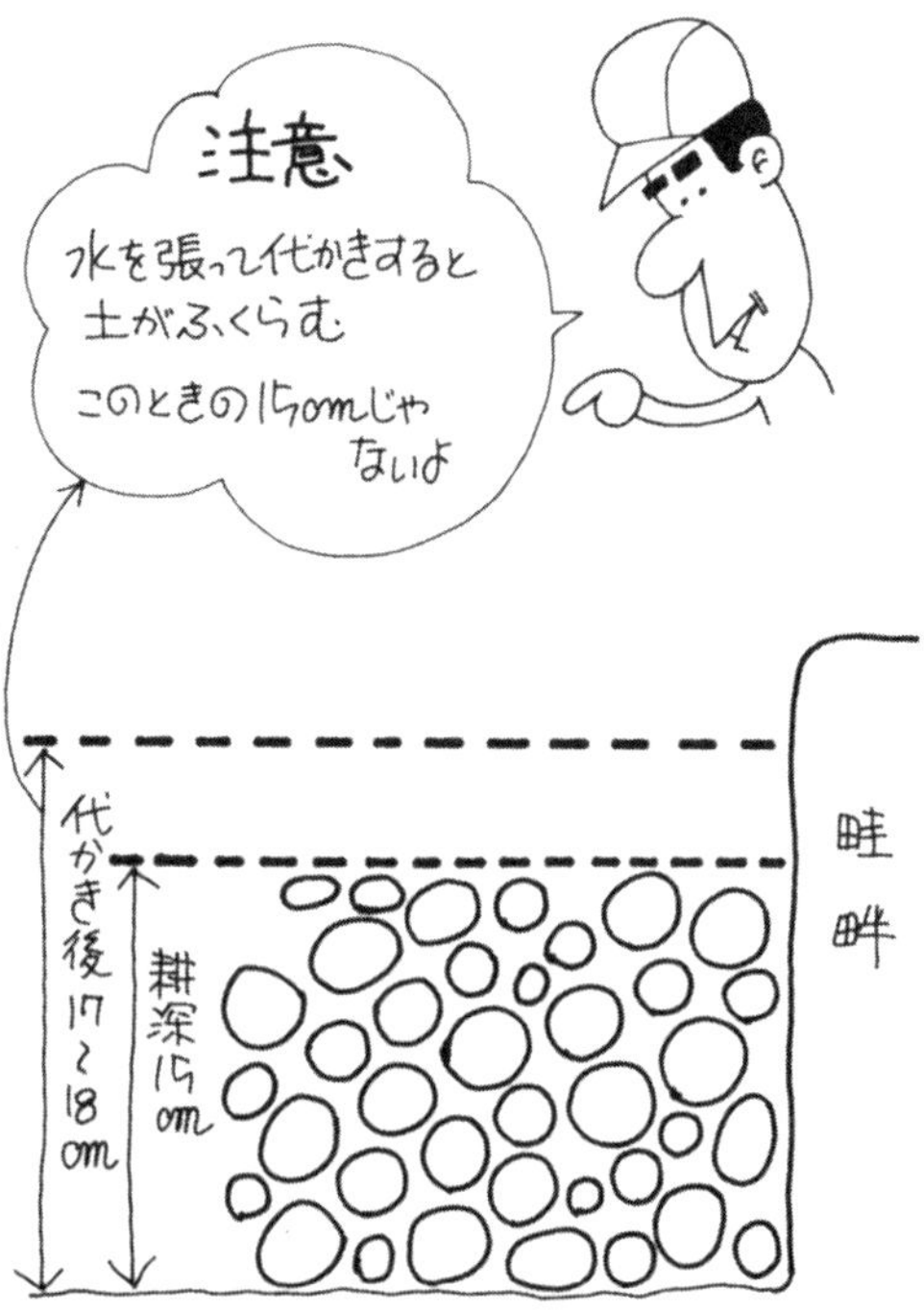
注意
水を張って代かきすると
土がふくらむ
このときの15cmじゃないよ
代かき後17～18cm
耕深15cm
畦畔

耕深は十分だと言っている人がいるが、土は水を含んでふくらんでおり、本当の耕深ではない。

耕深が深くなればそのぶん根が深く広がり、太い茎と大きな穂、秋まさりの登熟を支えてくれる。耕深が浅くては、いくら肥料のやり方を工夫してもその効果はほとんどなく、逆に施した肥料が急激にしかも短期間に効いてくるので、悪いほうに働いてしまう。

ところで昨年まで浅耕だった田んぼを、急にプラウやディスクプラウで二〇センチも起こすのもよくない。地力のない下層土が急に混じると生育が抑えられるからだ。その場合は基肥を二～三割増やすが、生育は不安定になりやすい。年々少しずつ深くするほうが無難だ。

代かきは二回、かきすぎないように

基肥を散布した後、代かきを行なう。代かきは水田の保水性をよくするとともに、水田を均平にする役割がある。また雑草の発生を抑制する。

最初の代かき（荒代）時の水は、田の土の三～五割が見える程度で行なうと、よくかけるしワラが浮いてこない。二回目の代かき（植代）時の水はヒタヒタが平らになる。荒代と二～三日後の植代の二回で仕上げる。

荒代では外周を先に行ない、植代では中央部から先に行なうと平になりやすい。田んぼの均平はイネの生育や肥培管理のしやすさのためにも重要だが、できれば代かき前に土を動かせるとよい。

代かきだけでも均平化することはできるが、すでに施肥は終わっているから、代かきで土を動かすと肥料ムラができる。それで、あまり大きくは動かせない。また、植代時に平らにしようとしてかきすぎると、イネの根の伸長にはかえってよくない。ほどほどに代かきをして、表面だけ少していねいにかけば、根に酸素がいきやすく、伸長もしやすい。表層五～六センチがトロトロで、その下に荒い土が残っているくらいがよい。確かめるには、胸の高さからゴルフボールを落としたとき、全体が沈むくらいの硬さがよい。

私が農業試験場に来たころ、小さい試験区をティラーでかなり練ってしまったことがある。案の定、根張りが悪く収量もさっぱりだった。もちろん、水はけが良すぎるいわゆるザル田では、水持ちを良くするために少していねいにかくのは条件に合ったやり方だ。大切なのは自分の田んぼの条件を見て、かきすぎないようにすることだ。

いろいろやってもイネがさびしい、そんな田んぼは

リン酸が不足すると、初期の分げつ

確保が悪くなる。分げつした茎数の歩留まり（有効茎歩合）も低くなる。私のいる栃木県は火山灰の黒ボク土で、リン酸を効きにくくする土の力が大変強い。その結果一〇ミリグラム以上（土一〇〇グラム当たり）必要とされる（できれば一五ミリグラム以上）イネが吸収することができる有効態リン酸が、五ミリグラム程度しかない田んぼがかなりある。昭和四〇年代（一九六五〜七五年）のコメ増産時代には、土壌改良のため多量のリン酸が施用された。しかし、当時に比べると近年はイナ作への熱も冷め、リン酸の施用も少なくなり不足する田んぼも増えてしまった。このような田んぼでは、いくらチッソ肥料の追肥時期や小苗植えだのといっても、桶の別の場所から水が漏れているのだからいかんともしがたい。

熱心にイネづくりをしているのに、なぜかさびしいイネになってしまう——こんな田んぼはリン酸が不足している可能性が大だ。心配な農家はぜひ一度普及所や農協で調べてもらうとよい。

有効態リン酸を一〇ミリグラム上げるのには、一〇アール当たり三〇〇キロ（一五袋）〜六〇〇キロ（三〇袋）のヨウリンが必要とされている。毎年少しずつ施用するより一度にどっと施用したほうがよいようだ。その後はリン酸を多く含む化成肥料を使って経過を見るとよい。一度改善のため多量のヨウリンを施用すれば、一〇年程度はもつとされている。経費がかかりすぎるし、肥料が重くて大変という気持ちもある。一度に全部をやらなくても、三分の一か四分の一ずつ計画的に毎年改善していけばよい。

実は栃木農試の水田でも有効態リン酸が七ミリグラムしかなく収量が低かった田があり、そこでヨウリンを一〇アール当たり六〇〇キロ施用した。その結果、いくら工夫しても一〇アール当たり五〇〇キロだった田が、六〇〇キロ代の収量を上げられるようになり、じっくり型イネづくりの効果もはっきり出るようになった。

鉄分も同様で、全国的に不足する田が増えている。根が白くて葉色も淡く、分げつがとれにくいイネは鉄分が不足している。そんなときは、転炉石灰を一〇アール当たり三〇〇〜四〇〇キロ程度施用する。リン酸や鉄分が不足していない場合は、ケイカルを一〇アール当たり一〇〇〜二〇〇キロ施用する。ケイ酸が多ければ、イネが病気にかかりにくくなり倒伏にも強くなる。

育苗　種モミ減らしていい苗つくる

育苗は「苗づくり半作」というぐらいイネづくりでは重要である。

図（次ページ）にしてみたが、この時期、種モミの準備（種子消毒⇩陰干し⇩浸種⇩催芽）、そして育苗（床土調製⇩消毒⇩播種・かん水⇩覆土⇩育苗管理）と、気が休まることがない。バタバタする時期なので、一応の手順をおさらいしたうえで、じっくりイナ作のポイントを押さえていくことにしよう。

準備する種モミは一〇アール当たり三キロで十分

自家採取種モミなら、せめて風選を

自家採種の場合は、種モミを比重選で選別する。塩水や硫安を溶かして比重一・一三にした溶液に漬けて、沈んだ種モミを選別する。選別した種モミのほうが充実がよく、苗の生育、ひいては収量も向上する。前年に病気にかかって充実が悪くなったモミが除かれるので、病気（ばか苗病やもみ枯細菌病など）の予防にもなる。しかし、比重選は手間がかかるのと、用意した粗モミの四～五割しか種モミとして使えなくなってしまうので敬遠されがちだ。

手間をかけずに、モミをある程度確保したい場合は、次善の策として、唐《とう》箕《み》や脱芒機などの風を利用して風選を行なう。目安としては、粗モミの六割を残すようにする。こうすることで、おおむね比重選を一・一〇で行なったものに相当する。作業が簡単で、まずまずの選別ができる。

現在は、ほとんどが購入種子を利用している。選別はすでにされているが、消毒済み（薬剤の吹き付けまたは温湯消毒）と未消毒がある。未消毒は自分で消毒する。薬剤消毒だけでなく、薬剤を使わないで自分で温湯消毒ができる機械も市販されている。

＊温湯種子消毒機械メーカー例　株式会社タイガーカワシマ　〒374―0134　群馬県邑楽郡板倉町大字籾谷2876　TEL：0276―55―3001

一箱一五〇グラムまき×一〇アール一八箱が基準

じっくりイナ作では、播種は薄まきで良い苗をつくり、小苗植え（一株平

●播種までの育苗作業の流れ

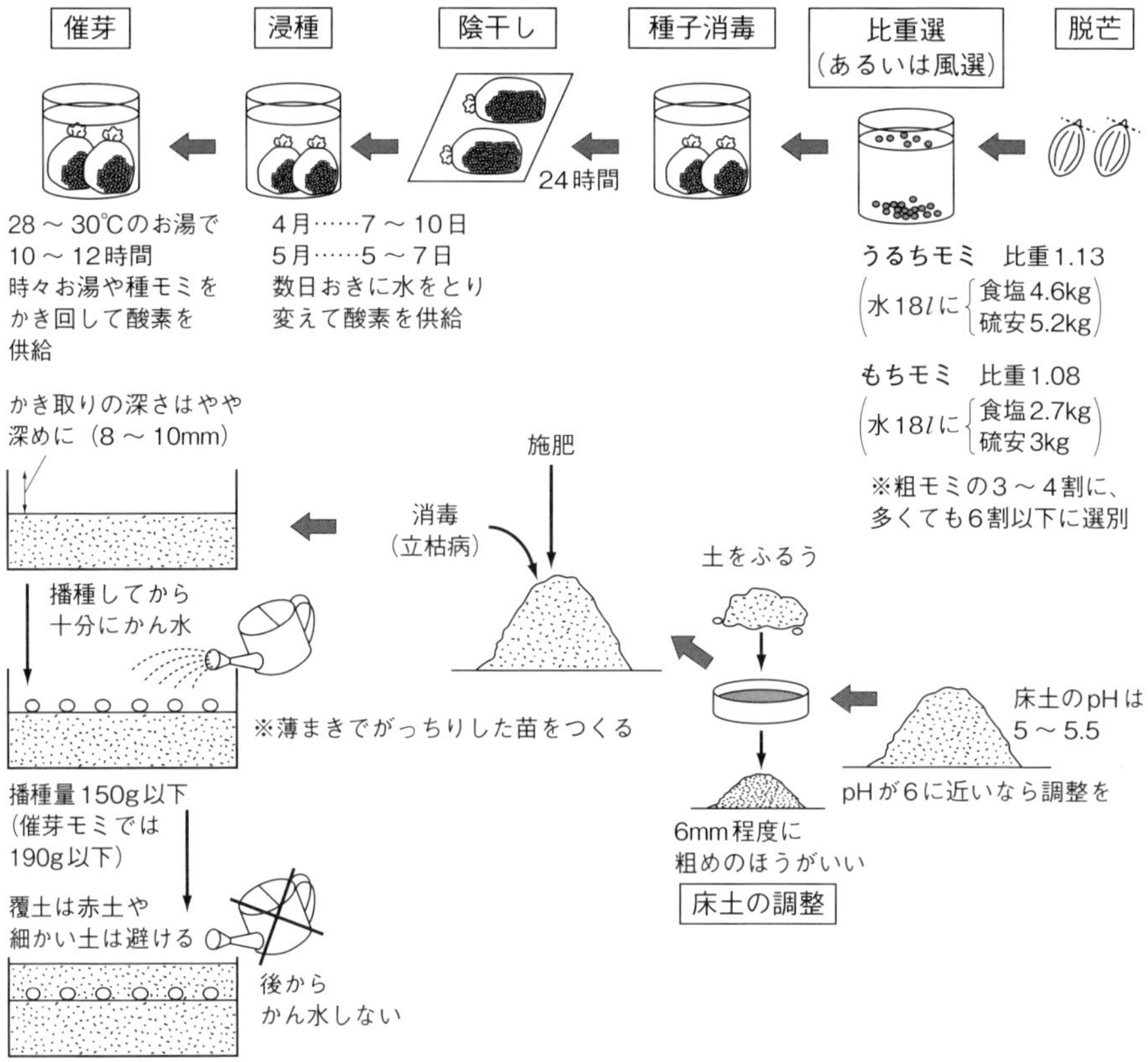

均四〜五本植え）にする。今は昔に比べると薄まきになってはきたが、欠株を心配するあまり、大苗植えの傾向はなかなか改善されない。

じっくりイナ作では、超薄まきや疎植をすすめているわけではない。あまり播種量を減らすと、必要箱数が増えてしまう。育苗箱一枚に一三〇〜一五〇グラムまき、一〇アール当たり一八箱が基準である。この基準がわかっても、種モミをたくさん用意すればたくさんまきたくなるのが人情。また種モミを多く準備すればそれだけ箱数が多くなり、ついつい植え込んでしまう。田植えで余ればその分を補植に使ってしまう。そこで、最初から用意する種モミを減らすのが、薄まき・小苗植えを実行する良い方法なのだ。

もちろん種々のアクシデントがないわけではない。厳密には一〇アール当たり二・四〜二・七キロでよい。予備

●種モミは10a3kgで十分

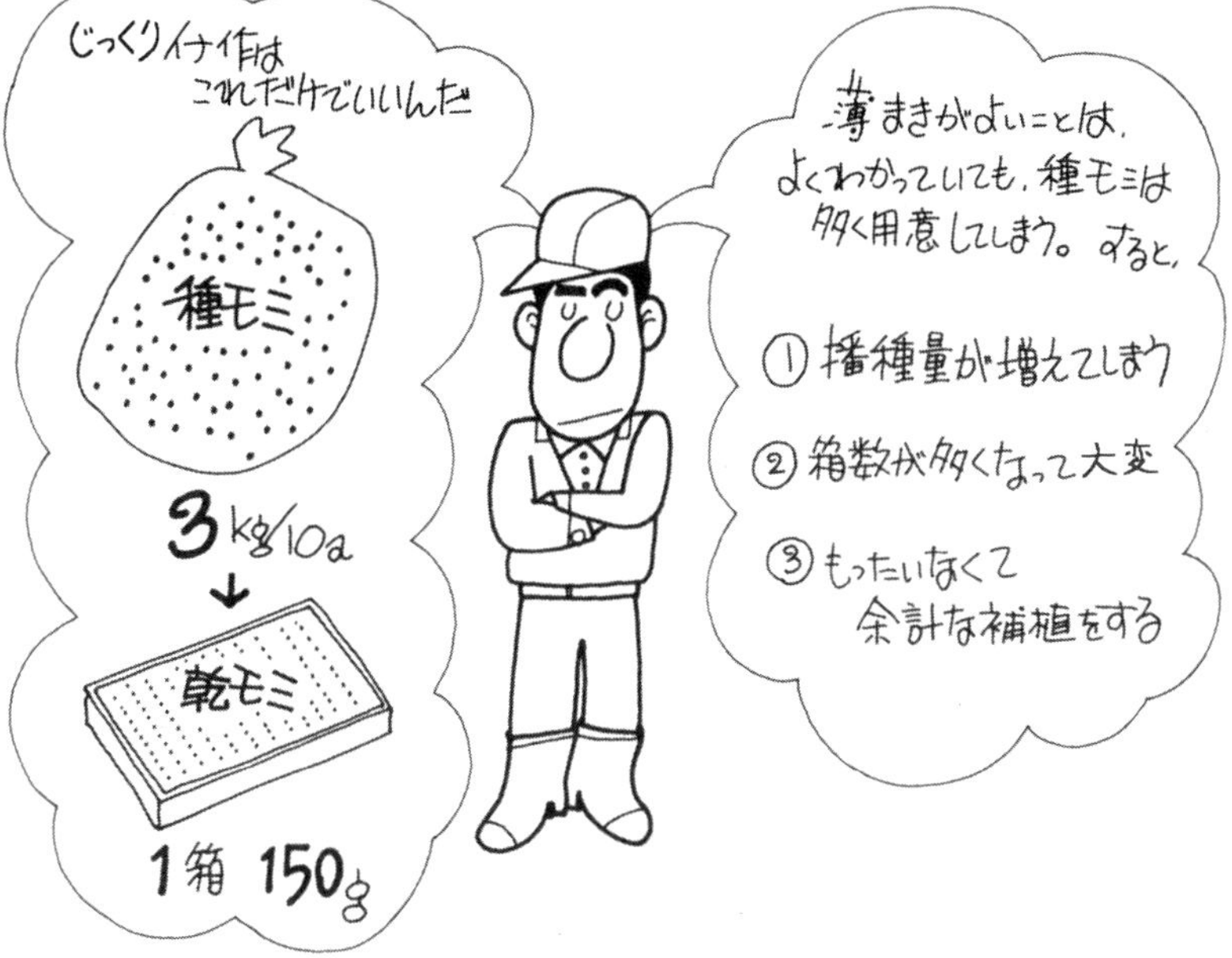

を含めても三キロで十分である。準備する種モミの量から、薄まき小苗植えを実行するのがやりやすい。

ここは重要！
浸種と催芽

　播種前に浸種→催芽を行なうが、温湯消毒や自分で消毒した種子は積算温度（水温×日数）が一〇〇～一二〇℃、吹き付け消毒種子は一二〇～一四〇℃を要する。浸種水温が重要で、一〇～一五℃は確保する。野外の冷たいところに置いて、一〇℃以下の場合は出芽が不揃いになる。浸種期間は、春先は一〇日前後、五月では五～七日になる。

　催芽は育苗ハウス内での保温でもできるが、一定温度（二八～三〇℃）を確保できる催芽機や育苗器を用いるほうがそろいがよい。一晩催芽するとハト胸状になる。催芽前にすでに芽が切れている場合は、催芽時間を短くする（省略することもある）。芽が出すぎると、芽がからんで播種がスムースにできない。催芽したら脱水して陰干しする。

播種量は一五〇グラム（乾モミ）以下

　成苗二本植えなどの超薄まきがあり、それも個性ある方法で良い成果を出しているが、じっくり型は誰でも抵抗なく行なえる栽培法をめざしている。

　小苗植えにして太い茎を確保するに

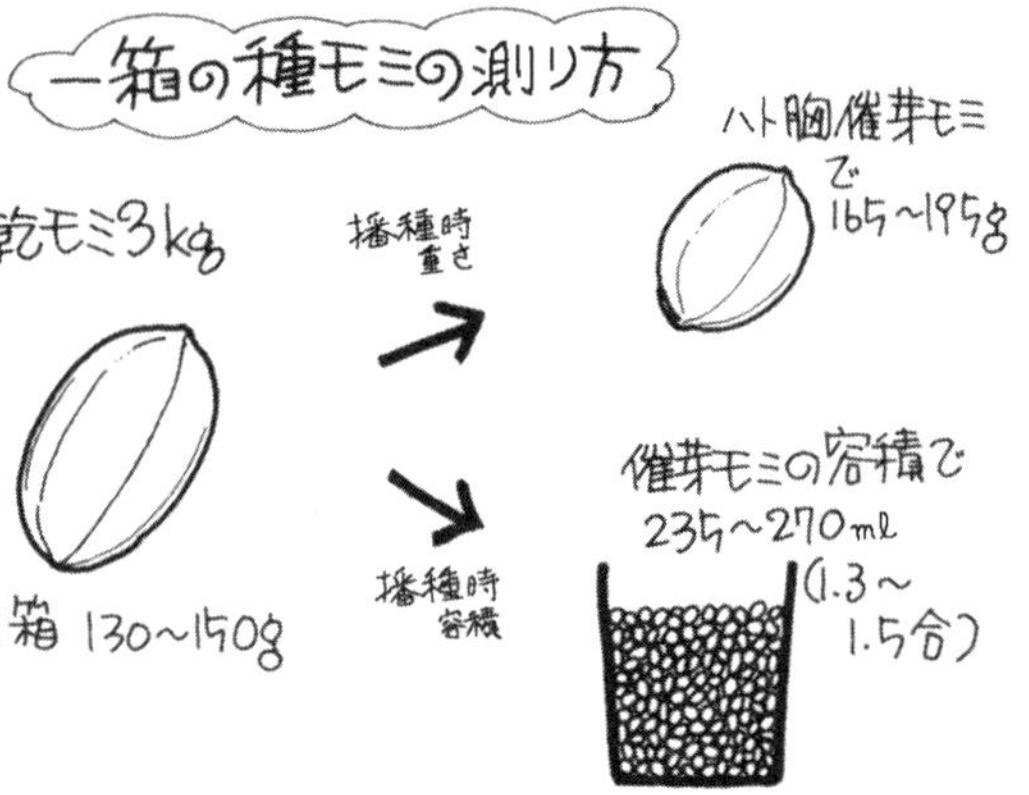

ハト胸催芽モミ

は、良い苗をつくることが大前提である。良い苗をつくる方法は、まず播種量の調整からである。比較的良い苗ができ、この後の移植作業で欠株を一〜二パーセントに抑え、なおかつ使用箱数を増やさないのは、一箱当たり乾モミで一三〇〜一五〇グラムだ。

乾燥モミ重では播種量の調整はできないので、実際には、ハト胸状態に出芽した催芽モミで重さは一六五〜一九五グラム（乾燥モミ重の一二五〜一三〇パーセント増）になる。容積では催芽モミ一八〇ミリリットル（一合）がおおむね乾モミ一〇〇グラムに相当するので、容積では一箱当たり催芽モミ二三五〜二七〇ミリリットル（一・三〜一・五合）に調整すればよい。まき始めにカラの育苗箱を播種機の中を通し、容積なり重さで調整してみよう。薄まきはじっくりイナ作の重要なポイントである。

育苗培土は焼土処理したものを購入する。自分で培土をつくる場合は、必ずダコニールやタチガレエースなどで消毒する。施肥は箱当たり、チッソ一〜一・五グラム、リン酸、カリは二グラム程度とする。チッソは播種量で多少加減をする。苗箱に施したチッソはほぼ一〇〇パーセント利用されるので、乾モミ一三〇グラム播種ならばチッソ成分で一・三グラム、乾モミ一五〇グラム播種ならば一・五グラムと増減する。黒ボク土を床土にする場合は、リン酸を三グラムとやや多めにする。

手間のかからない平置き出芽法

播種後の出芽法には①育苗器利用（三〇℃で二日間）②積み重ね方式（播種後いったん暖めてから積み重ねて二〜三日被覆し、出芽したら再び広げる）③平置き出芽法（五〜六日）

がある。平置き出芽法は若干日数がかかるが省力的である。ここでは栃木県で広く普及した平置き出芽法を紹介する。

平置き出芽法とは、播種後直ちに育苗箱をハウス内に広げて、その上に被覆資材をかけて出芽させる方法である。ベタ置き出芽、無加温出芽などとも呼ばれている。出芽後の管理は従来の出芽法となんら変わらない。

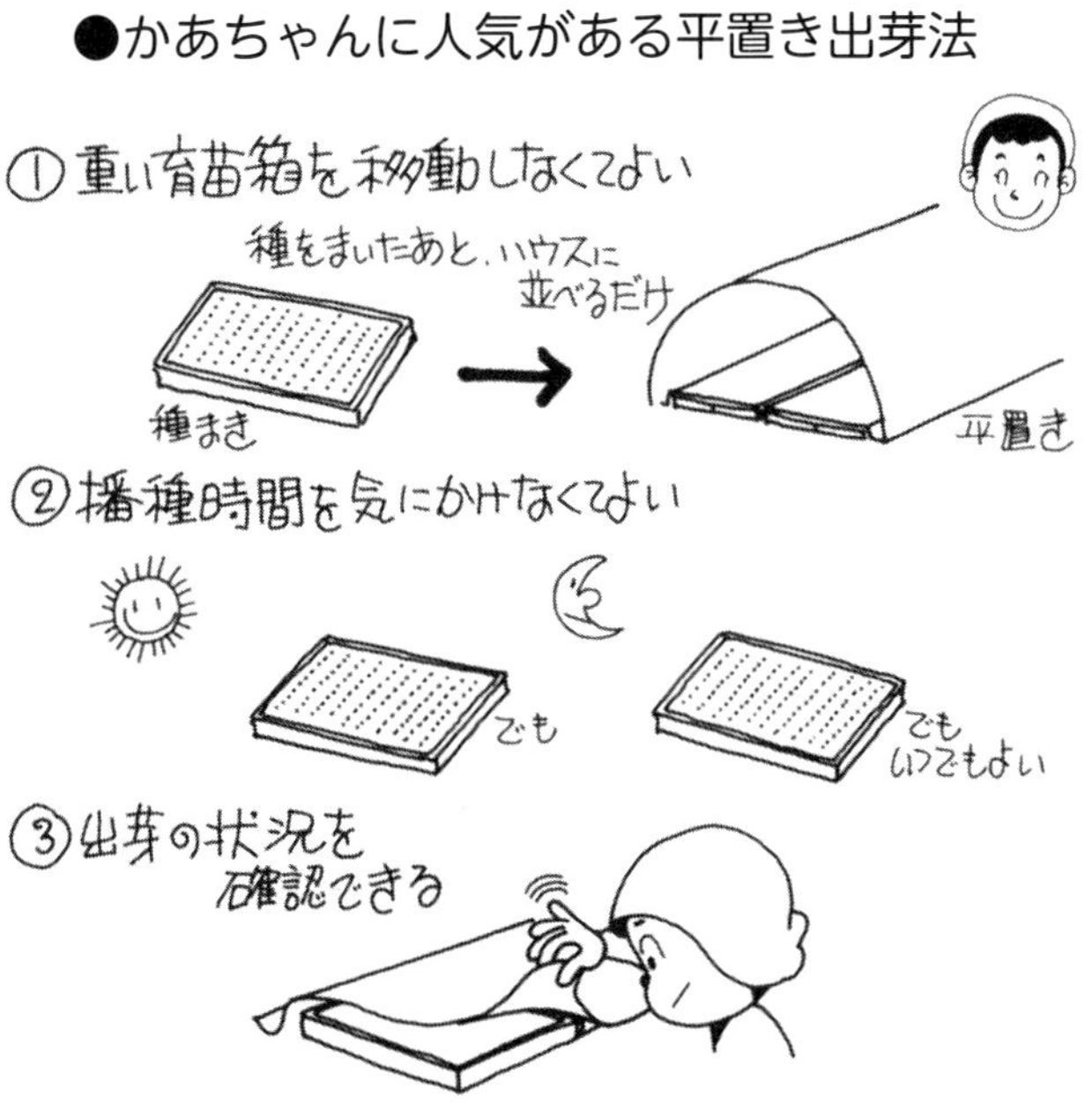

●かあちゃんに人気がある平置き出芽法

平置き出芽法の良い点は、第一に作業工程が省略でき省力化がはかれる点である。平置き出芽法は被覆資材をかけたり中間かん水をしたりはあるものの、育苗箱の移動は、播種後に育苗ハウス内に広げる一度だけである。播種から育苗ハウス内への育苗箱設置が一日作業で終わるのも、兼業農家に好まれる点である。育苗器利用や積み重ね方式では二日作業となる。

平置き出芽法の第二の良い点は、播種する時間を気にしなくてよいことである。夕方でも播種してよい。第三の良い点は、出芽の状況を逐一確認できることである。

平置き出芽法の欠点は、出芽期間中の天候によって出芽完了までの日数が左右されやすい点がある。といってもふつう、栃木県の四月上中旬の播種で、出芽完了まで五〜七日でおさまっている。

平置き出芽法のポイント

平置き出芽法のおもな問題点は、積み重ね法と違って覆土の上に重みがかからないために、出芽時に覆土が持ち上がってしまい、モミが露出してしまう点である。モミが乾燥しやすくなって生育が不揃いになったり、根がらみを起こしやすくなる。この点については、播種量を抑え薄まきにすること、覆土をやや多めにすること、さらに中間かん水で解決できる。左図に平置き出芽法の手順をまとめたが、いくつかのポイントについて述べてみたい。

被覆資材は地域条件に合わせる

被覆資材の役割は育苗箱を温め保温することにあるが、同時に昼間の温度が上がりすぎないこと、および乾燥しないことも求められる。被覆資材によっては床土が温まらず出芽に長い時間がかかったり、逆に高温になって何百箱もダメにした事例もある。被覆資材については育苗期間中の天候が異なるため、当然地域性がある。

保温・保水性を備えているものであればよいが、栃木県の早植地帯を対象とした被覆資材として、シルバーラブ#90をメーカーと一緒に開発した。これはシルバーポリ（遮光率九〇パーセント）とラブシートを二重にしたもので、昼間の温度が過度に上がりにくく、夜間の保温性も良い。シルバーラブはある程度光を通すので、出芽完了したときには芽は緑化されていて気持ちが良いし、白化（日焼けによって葉が白くなること）にも強くなっている。

ウレタン製の保温マットだけでは昼間の温度が上がりすぎることがある。

昼間の温度が上がりにくいという特徴を持つアルミ蒸着シート（太陽シート）は五月中下旬播種のムギ後栽培の育苗では使えるが、早植の育苗では温度が上がらず、出芽期間が長びく。また、気温が低い時期に育苗しなければならない東北以北地域にも不向きだ。

東北地域では遮光率のやや低いシルバーシートを用い、夜間はその上に保温マットをかけるとよい。しかし西南暖地では、太陽シートなどが昼間の温度が上がりすぎず向いているようである。地域に合わせた被覆資材を選ぶ必要がある。ただ、最近では、東北でも温度が上がりすぎる事例もあるようだ。

中間かん水でモミの露出を防ぐ

被覆して二～三日後、芽が覆土を持ち上げ始めたころに、いったん被覆資材をはがし、中間かん水をすることにより、モミの露出がほとんどなくなる。中間かん水は芽が持ち上げた覆土を落ち着かせる程度にかん水する。中間かん水する時期の目安は、芽長が五～八ミリになったときである。

覆土の持ち上げによるモミ露出の原因は、①根が床土に貫入せずに持ち上がることと、②播種量が多くモミが重なり出芽した芽がモミを持ち上げることである。前者は中間かん水で解決するが、後者は播種量を減らさないと解

●平置き出芽法の手順と留意点

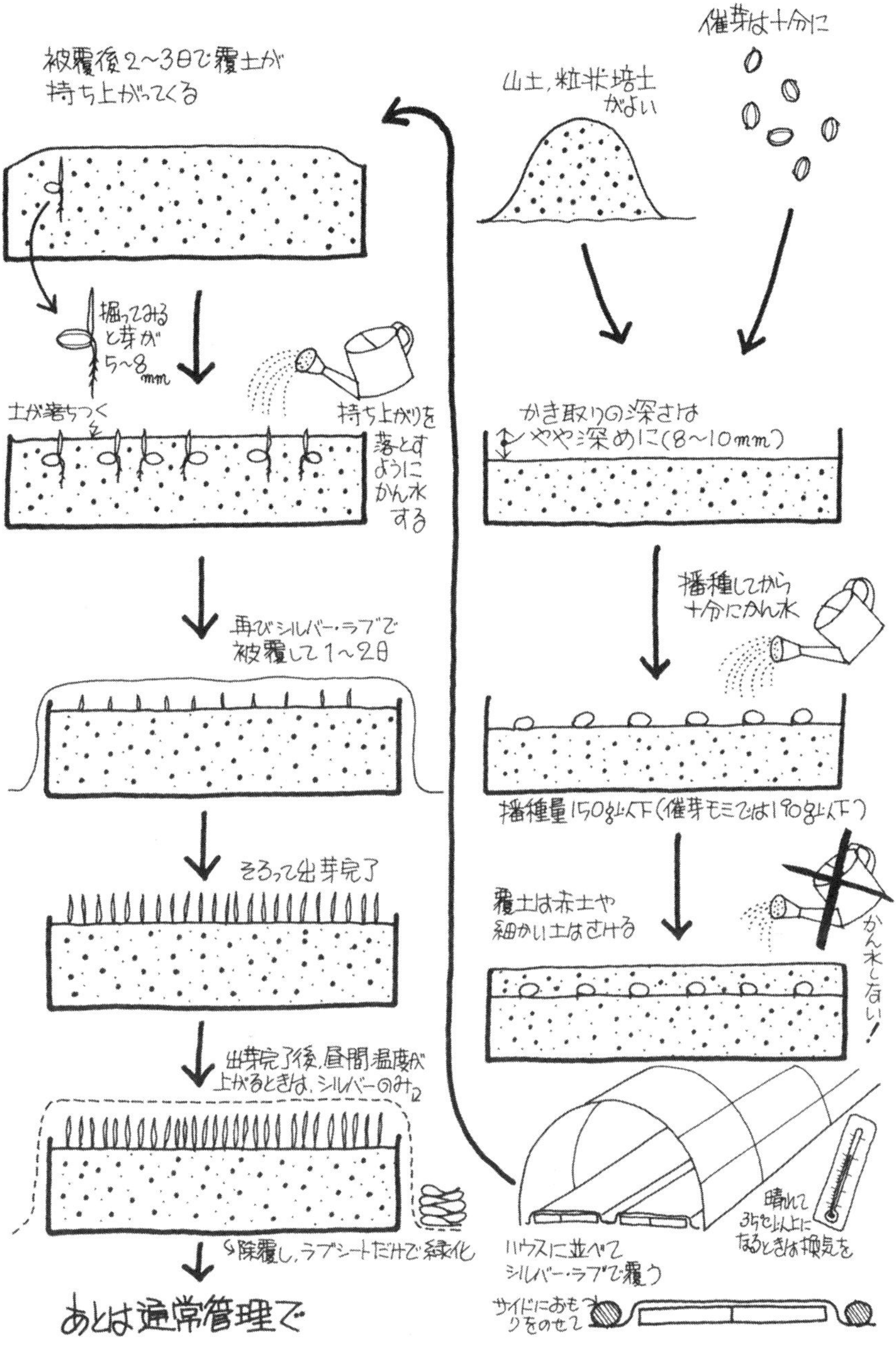

決しない。一箱当たりの播種量は乾モミで一五〇グラム以下とする。

出芽まで、ハウスは朝早く開けて高温を避ける

平置き出芽法での最も多い失敗事例は、育苗ハウスを締め切っておいて高温になりすぎた場合である。とくに出芽の初期に床土が長時間四〇度以上に経過すると、出芽ムラになり、生育が止まってしまう。育苗ハウス内の温度（気温）が三五度を超えるようであれば、育苗ハウスの側面を開けて通気を良くする。その目安がわからない場合は、天気の良い日には機械的に朝八時半にはハウスの側面を開け、夕方四時には閉めて保温をよくするとよい。通常シルバーラブ#90を被覆したままで急激な温度上昇を抑制するので実用上問題ないが、さらに異常高温になる場合は、被覆資材のシルバー部分をはがす。夕方は四時〜四時半には日差しが弱くなり、空気が冷えてくるので早めに育苗ハウスを閉め、保温に努めるのも大切である。

以上がおもなポイントであるが、他に覆土のかき取り深さを八〜一〇ミリにやや深めとする。床土の粒度はやや粗いほうがよい（市販の粒状培土は問題ないが）。中間かん水まではかん水しないので、播種後のかん水は十分行なうなど、細かな点は前ページの図の通りである。また、被覆期間中の天候が悪く、出芽期間が長びく問題が発生したが、だいたい催芽が不十分なことが原因であった。浸種を十分にして催芽がそろっていれば、天候が悪くても六〜七日で出芽は完了する。

平置き出芽法で苗丈が調整できる

平置き出芽の苗はややズングリで、他の出芽法より苗は充実している。出芽期間がやや長くなるが、育苗期間を二〜三日長めに予定すれば良い。

平置き出芽の場合、こんな便利なこともある。中間かん水後の被覆期間の長短によって苗の長さを調節できることである。ズングリ苗をつくりたい場合、中間かん水後の被覆期間を一日程度でやめて出芽長を短くする。苗の伸びにくい品種の場合は、中間かん水後の被覆期間を長くとると苗丈は長くなる。

出芽後は、ハウスの開け閉めを一時間早める

出芽後は育苗ハウスで管理するが、低温が続くと苗は育たないし、高温すぎると軟弱になり病気も出やすくなる。四月でも午前八時を過ぎると急速にハウス内の温度が上がる。夕方はこの逆で、午後三時を過ぎると見た目より日差しが弱くなる。それで午前八時には

換気し（サイドを開ける）、夕方は四時ごろ早めに閉めて保温すると夜間のハウス内温度も比較的高く保たれ苗が伸びる。苗は夜のうちにずいぶん伸びるものだ。ハウスは開けるのも閉めるのも従来より早めに行なうほうがよい。

　昼間の最高温度は三五℃、夜温の最低温度は五℃を目安とし、夜間は時期、地域によって被覆資材をかけて二重保温とする。昔の教科書の最低気温は一〇～一五℃とされていたが、実際にこの温度を保つのは困難である。イネは比較的低温に強く、ハウス内の最低気温は五度程度に下がってもよいと思っていれば、気がラクだ。

　かん水は朝行ない、かけすぎないようにする。かん水が控えめのほうが、根張りがよくなり苗を丈夫にする。土の表面が白く乾いたらたっぷり水をかけるようなやり方がよい。悪い天気が続いて、乾いていないのに毎日同じようにかけ続けると根張りが悪く軟弱になり、病気も出やすくなる（プール育苗については後述する）。

●育苗ハウスの開け閉めは早め早め

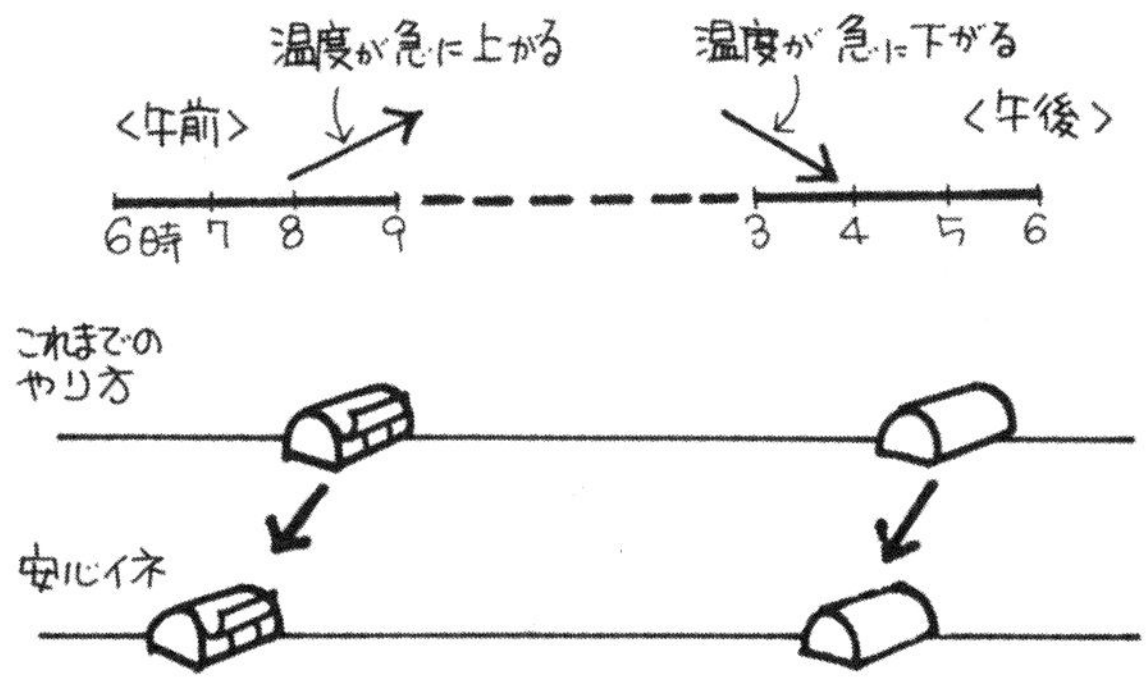

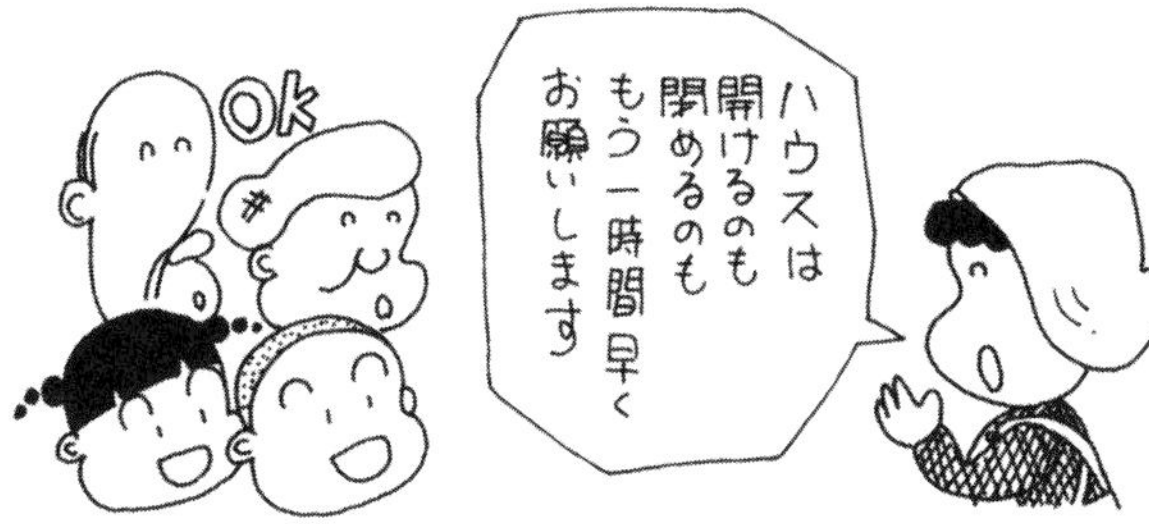

ムレ苗は低温だけが原因ではない

　かん水は控えめ、温度管理はやや低めのほうがズングリした丈夫な苗になるが、どうしても過保護になりやすい。これはムレ苗の問題も関係している。

　苗の葉齢が一・五葉期前後に寒い日が続き、その後一転して高温になると、葉がメガネ状によれてくることがある。

これがムレ苗である。私はその原因を試験したことがあるが、ムレ苗はピシウム菌と育苗条件がからんで発生する。かん水のやりすぎで弱っているところへピシウム菌が侵入し、ぐずついた天候とその後の高温で発生する。いわば人間の風邪のようなものである。

低温とムレ苗の関係を調べるために、二〜三日間苗をハウス外へ放置し0℃前後の低温に当てたが、弱っていない苗にはいっこうにムレ苗が発生しなかった。イネの苗は低温にはかなり強い。ピシウム菌のいるpHの高い水田の土壌を床土にし、かん水をたっぷりかけて弱らせた苗には、低温に当てなくてもムレ苗が多発した。その後ピシウム菌に効果の高い薬剤も出て、ムレ苗はだいぶ減ったが、育苗管理の原則は同じだ。

田植えが遅れたときの苗のもたせ方

代かきが間に合わず、育苗期間が予定より長びき、苗の葉色が淡くなってしまった場合はどうするか。あわてずに温度管理を低めにし（時期によってはハウスを開けたまま）、そして移植の一〜二日前に、箱当たりチッソ成分で一〜二グラムの硫安（製品で五〜一〇グラム）を水に溶かしてかけておけば、苗をさほど伸ばさずに本田での活着も悪くならない。この方法で、一週間ぐらいは苗をもたせることができる。

水やり・温度管理を超省力！プール育苗

育苗管理で大変なのは、毎日のかん水と温度管理であるが、この作業を省力化する技術として導入されているのがプール育苗である。

育苗ハウス内に角材やL型アングル、土盛りなどで外枠を設置し、ビニールやポリフィルムで簡易なプールを作り、その中に出芽した育苗箱を並べかん水する。プールに水をためているので、毎日のかん水作業が省略できる。手間がかかるのは育苗箱を並べる苗床の均平であるが、途中に下から仕切りを入れてプールの区分けをすれば、多少傾斜があっても対応できる。播種後、このプールに育苗箱を並べ、平置き出芽法で出芽させて、その後徐々に入水する。一・五葉期（本葉一枚半）までには苗箱の縁まで入水する。平置き出芽中に一気に苗箱の縁まで入水してしまうと、温度や酸素が不足して出芽が不揃いになってしまうのでやめたほうがよい。

その後の水深は、苗箱の培土表面から一センチ上までの範囲が目安である。二日に一度程度のかん水で十分で、通常のかん水のような均一散布のための

●プール育苗の手順

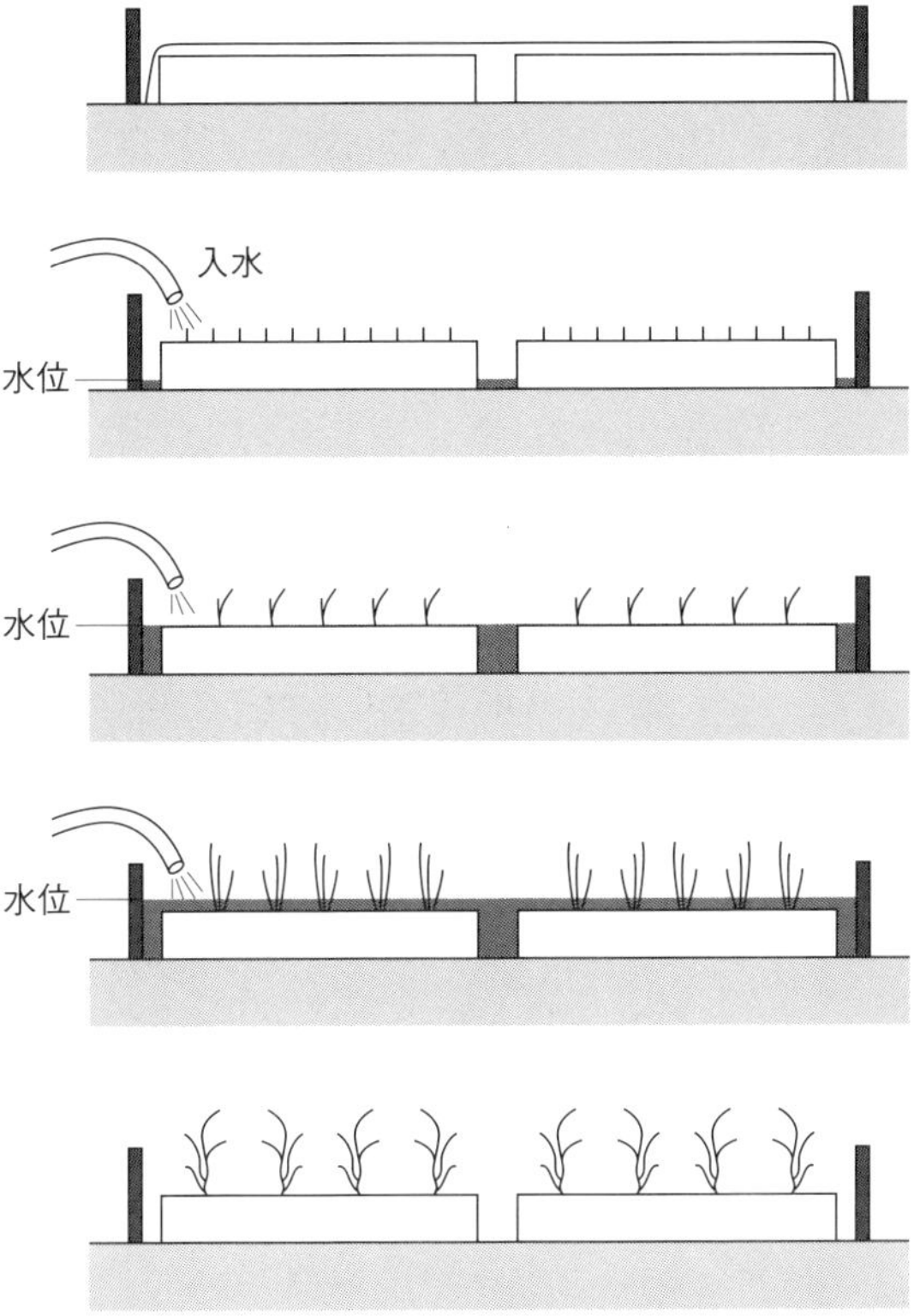

水の入れ方

播種した育苗箱を並べ、
平置き出芽

出芽したら
徐々に入水

1.5葉期（本葉1.5葉）
苗箱の縁まで入水

田植えまで
苗箱の培土表面から
1cmの高さ

田植え2～3日前
プールの水を落とす

プール育苗
（撮影：倉持正実）
ハウス内にプールの枠を
作って箱を並べ、かん水中

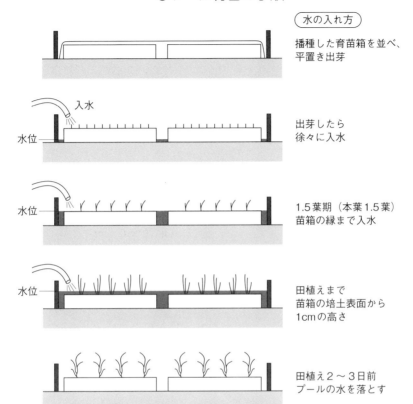

労力はかからない。水深をそれ以上に深くすると生育不良になる場合が見られる。逆に少なすぎると、湛水状態ではなく、通常育苗の過湿状態になってムレ苗などの病害が発生しやすくなる。

温度管理は、出芽が終わり入水を始めたら、基本的には育苗ハウスのサイドは全開放とする。プール育苗では苗が伸びやすいのと、水温がある程度保たれていて低温になりにくいので、このような省力管理ができる。地域によって程度は違うが、晩霜注意報が出た場合だけ育苗ハウスのサイドも閉める。

育苗箱は水を含みかなり重くなっているので、田植えの二〜三日前にはプールの水を落として苗箱を軽くする。ただし、プール苗は乾燥に弱いので天候を見て落水する。

プール育苗苗の特長はまず根張りが良いことである。湛水状態なので種子

●プール育苗の特長と弱点

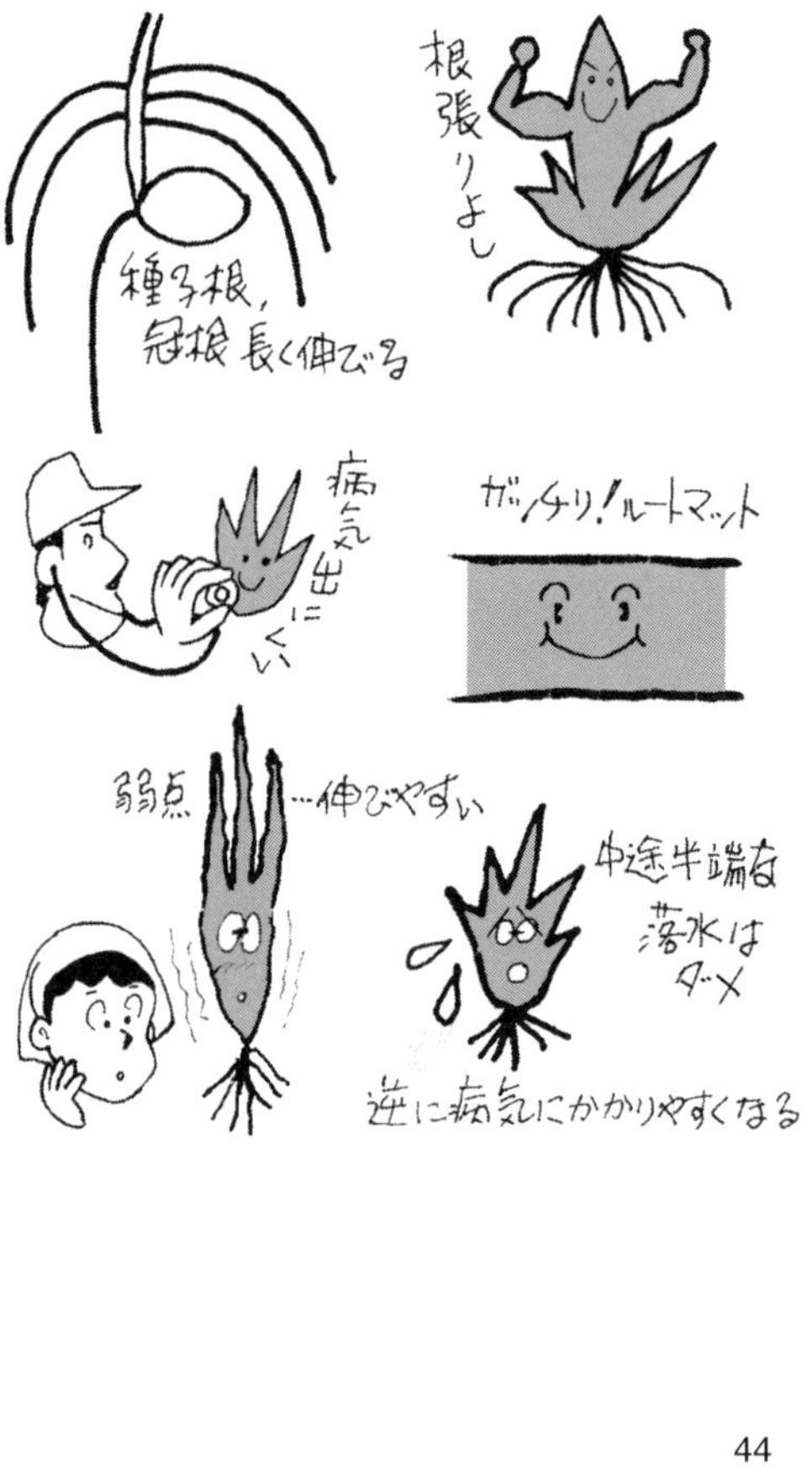

根、冠根とも長く伸び白くガッチリしたルートマットを形成する。育苗箱底の穴数が多いと根が外に出すぎて扱いにくくなるので注意が必要だ。またプール苗は病気が出にくい。これは湛水状態の効果で、カビによる土壌病害、ムレ苗などを防げる。中途半端に落水すると逆に病気にかかりやすくなる。

問題点はプールを設置するのに手間がかかることだ。また、水が回りやすいように余裕を持って並べるので、同じ苗代面積だと設置箱数が少なくなる。しかし、計画的に行なえばさほどの問題ではない。それよりも、プール苗は湛水と水温で伸びやすい弱点があるので、この点は十分注意したい。そ

のため温度管理は、前述したようにハウスのサイドを常時全開放にする。床土の施肥チッソ量は多くしない。場合によっては後述する軽量育苗箱のように、培土量が少なくてもよい。プールの水温が上がりすぎる場合は、いったん落水して水を入れ替える。

育苗箱を軽くする工夫

実際に田植えをしてみるとわかるが、育苗箱がけっこう重い。苗が仕上がった状態で、通常、一箱約七・五キロもある。田植機まで育苗箱を運ぶのが、なかなか大変な作業なのだ。そのため、育苗作業を軽量化するいろいろな工夫が生まれている。そんな工夫の一つが、栃木県農業試験場とメーカーで共同開発した「軽量育苗箱」（製品名：カルカルニューライン）と専用育苗培土（製品名：カルカルの土）である。

通常の育苗箱の深さを一センチ上げ底にしたもので、三センチ深の通常育苗箱では約五リットル入る育苗培土が、軽量育苗箱では三・三リットルに減る。上げ底にしただけなので、播種機や田植機は従来のままでよい。プール育苗にも対応するように、底面の穴数も約一五〇に調整してある。

苗が仕上がった状態で、軽量箱は四・五～五キロと、これまでより三〇パーセント程度軽くなる。軽量箱の効果はてきめんで、播種、田植え時の運搬、田植機への苗出しがラクになり、育苗箱数が多くなるほど効果が高くなる。専用育苗培土にはチッソ成分が多く配合されている。

＊軽量育苗箱「カルカルニューライン」と専用培土「カルカルの土」の問い合わせは、丸三産業株式会社　〒328－0124　栃木市中町912　TEL：0282－24－8803まで

育苗箱は軽いほうがいい

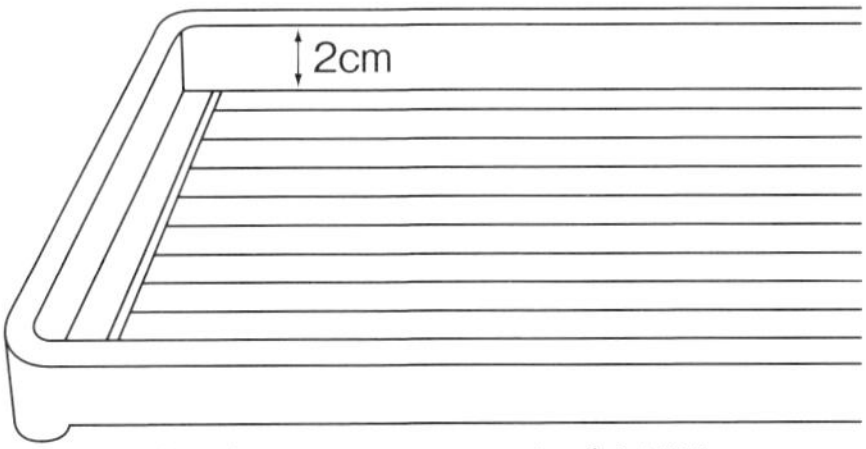

育苗箱を深さ2cmの上げ底構造
（ふつうは3cm）

基肥施肥　控えめが基本

チッソ控えめ　穂肥で勝負

　じっくり型イネづくりの特徴は、基肥チッソ量を控えるところにある。一昔前の栃木県でのコシヒカリの基肥チッソ（成分）量は、一〇アール当たり五キロ前後であった。基肥チッソが多いと、初期の分げつ確保は早く、茎数も多い。その後、強い中干しをやって生育を制御し、出穂前一五日前後に穂肥をやった。早めに穂数を確保し、中間の中干しで倒伏を避ける、パートIで紹介した「V字イナ作」の考え方である。この栽培法は中干しが決め手で、うまくできた年は収量も高かった。

　しかし、中干しの時期はちょうど梅雨と重なり、中干しがうまくできない年も多い。そういう年は倒伏してしまうが、基肥チッソが多いので生育中期以降打つ手がない。せいぜい穂肥を遅らすか、穂肥を施用しないことになる。

　じっくりイナ作では、コシヒカリの場合、基肥チッソ量を二〜三キロに減らす。パートIで述べたように、基肥チッソを減らすと、当然茎数が減る。その結果、最終穂数も減るが、倒伏は当然軽くなる。しかし、穂肥の効果が基肥チッソを多く施したイネより高く、一穂モミ数は多くなり、全体のモミ数は同程度確保できる。おなかのすいているイネは、追肥を十分食べて活用してくれる。天候をあまり気にせずに、穂肥だけでなく穂ぞろい期追肥もやれ、登熟も向上して秋まさりのイネになる。逆に基肥チッソの多いイネは、追肥の効果も十分でない。

　さらに良い点は、じっくりイナ作は倒伏しにくいので、穂肥をこれまでより早めに施用できることだ。この穂肥時期は、イネの生育を見て前後する。その年の生育量、生育の遅速に合わせて適切な時期に穂肥を施用できるので、天候に合わせた対応ができる。移植した後はのんびりとイネの生育をながめていて、生育量が不足しそうならば（モミ数が足りなくなりそうならば）早めに穂肥をやればよいし、生育過剰で葉色もさめないならば穂肥も遅らせればよい。なんとでも対応ができる。

　全天候型のイネづくりは、基肥チッ

ソを減らすことによって可能となる。後で述べるが、初期生育は従来のイネよりもすっきりしている（従来イネと比べると悪いように見えるが、心配ない）が、決してつなぎ肥（中間追肥）はやらない。じっくりと茎を確保するだけだ。

基肥チッソ量は品種によって三タイプ

基肥チッソを減らすといっても、品種によって基肥量は異なる。穂数で稼がないと収量が上がらない品種もあるし、倒伏に対する強さも異なる。それによって品種の目標収量も異なる。品種は細かくいうといろいろな違いがあり、それぞれの栽培上の注意点はあるが、おおまかに下図のような三つのタイプに分けて基肥を考えればよい。

地力、水はけ、気温などが地域によって異なり、それによって基肥チッソを変えなければならないのは当然だが、自分の地域の品種がまずどのタイプに入るかを検討してみよう。そのうえで前述の目安を参考にして基肥チッソ量をタイプごとに決める。

地力の高い沖積田では一キロ程度減らしたほうがよい。また、Cタイプの品種をムギ後に栽培する場合は、一キロ程度減らす。いずれにしても、従来の基肥チッソ量の三〇パーセント程度

●基肥チッソ量は品種タイプで決める

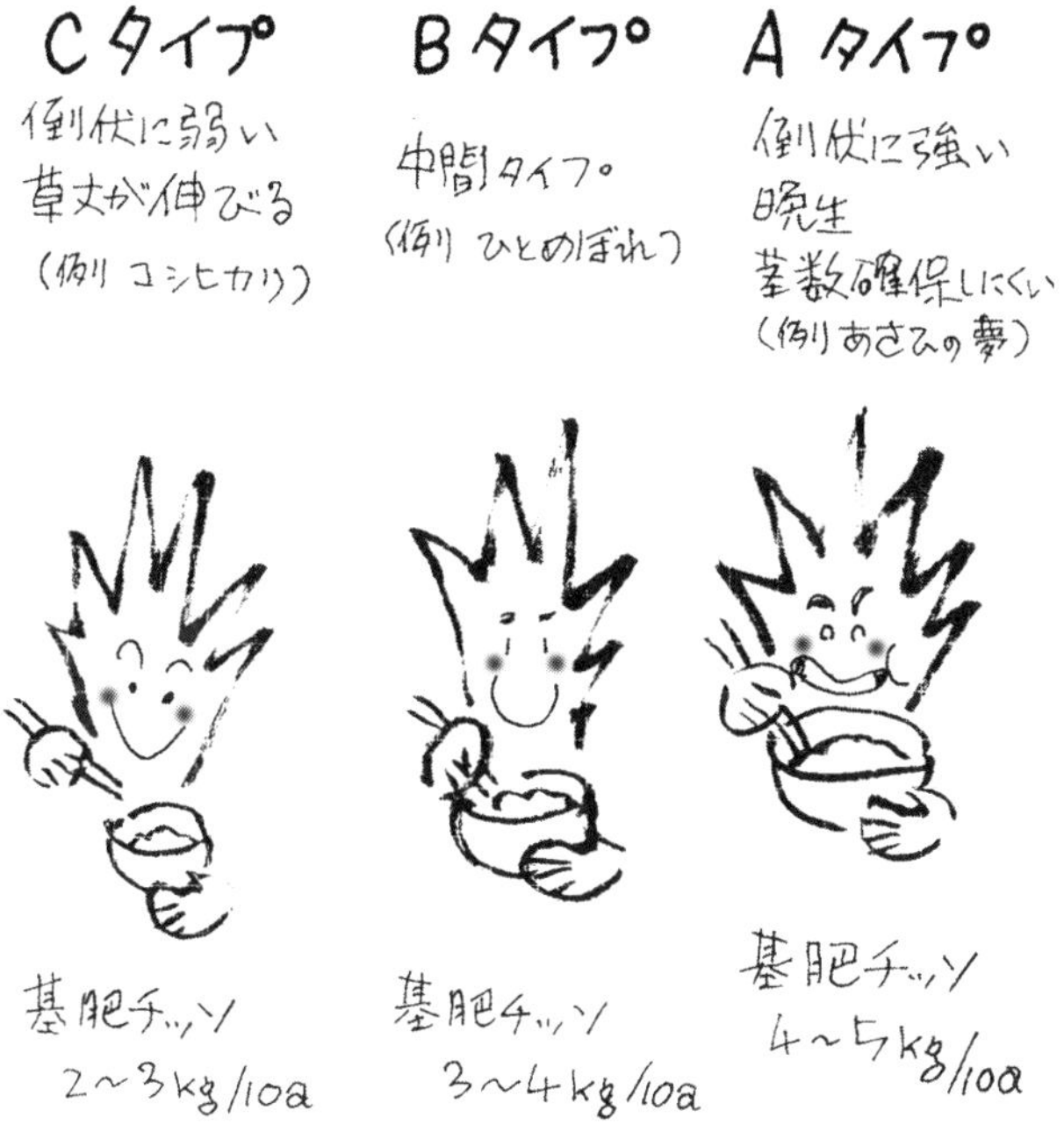

水稲が吸収する養分の供給源（山根、1981）

		チッソ N	リン酸 P_2O_5	カリ K_2O	ケイ酸 SiO_2	石灰 CaO	苦土 MgO
水稲の吸収量（1）		91.5 (100)	43.1 (100)	141 (100)	881 (100)	32.5 (100)	19.7 (100)
供給量	かん漑水から（2）	7.0 (8)	0.4 (1)	24 (17)	262 (30)	219 (674)	48.0 (244)
	土壌と肥料から（3）	84.5 (92)	42.7 (99)	117 (83)	619 (70)	—	—
	肥料から（4）	(25)	(3)	(7)	(0)	—	—
	土壌から（5）	(67)	(96)	(76)	(70)	—	—

（ ）内は%、数字はha当たりkg
(1)、(2) は実測値の平均（吉田、1961）
(3) = (1) − (2)（計算値）
(5) = (3) − (4)（計算値）
水稲の吸収する養分の大部分は土壌からきている

減らしてみよう。

まずそれでやってみて、秋に穂数を調べ、目標とする穂数と比較して基肥を変えればよい。その場合の穂数は、あくまで少なめをよしと考える。

なお、チッソ以外の基肥（リン酸、カリ）はやや多めに施用しておく。リン酸やカリは多くても害にならない。一〇アール当たり成分で一〇キロ程度は入れておこう。黒ボク土ではリン酸を一五キロぐらいほしい。チッソ・リン酸・カリが配合された化成肥料だけで足りないときは、不足する分を単肥で補えばよい。

そもそも、チッソ、リン酸、カリの働きとは

イネが必要とする栄養は、チッソ、リン酸、カリ、ケイ酸、カルシウム、マグネシウム、イオウの他微量要素であるが、チッソ、リン酸、カリ以外は土壌やかん漑水から供給される割合が高い（表参照）。

チッソは最も重要な養分で、タンパク質や葉緑素などの合成に用いられ、葉面積を拡大しイネの体をつくる。欠乏すると葉が黄色くなり、生育が不足する。過剰になると葉色が濃くなり、過繁茂、軟弱生育、倒伏などをもたらす。

リン酸は光合成や呼吸に携わり、欠乏すると葉が暗緑色になり、草丈や分げつ確保が抑えられる。

カリは体内の水分調整、光合成、タンパク合成などの機能調整に携わる。欠乏すると葉色が濃くなり、下葉が黄変し、光合成が抑制されるため、茎は弱くなり倒伏しやすくなる。また玄米の登熟向上の働きがある。

●チッソ、リン酸、カリの働きとは？

ケイ酸
カリ
リン酸
チッソ
イネの体の10～15％を占める多量成分で、イネの体を硬くして姿勢をよくし、病害虫の侵入を防ぐ
体内の水分調整、光合成、タンパク合成の機能調整
光合成や呼吸に携わる
最も重要な養分。タンパク質や葉緑素の合成に用いられ、イネの体をつくる

ケイ酸はイネの体の一〇～一五パーセントを占める多量成分で、イネ体を硬くして姿勢を良くし、病害虫の侵入も防ぐ。根の活力が高まり倒伏にも強くなる。通常は土壌に含まれるが、土壌診断で不足する場合はケイカルなどで事前に補う。

「基肥全量施肥」（一発基肥）をうまく使う

従来の施肥体系やじっくりイナ作では、生育後半に診断して穂肥を施用するのが基本であるが、七～八月の暑い時期に重い肥料をかついで追肥をするのは大変な作業である。収量面では追肥をするのが効果的だが、多少収量は犠牲にしても省力を重視したい人も多くなってきた。そこで、基肥だけで、後半の追肥を省略する「基肥全量施肥」（一発基肥、栃木県では「ひとふりくん」）が開発され、普及しつつあ

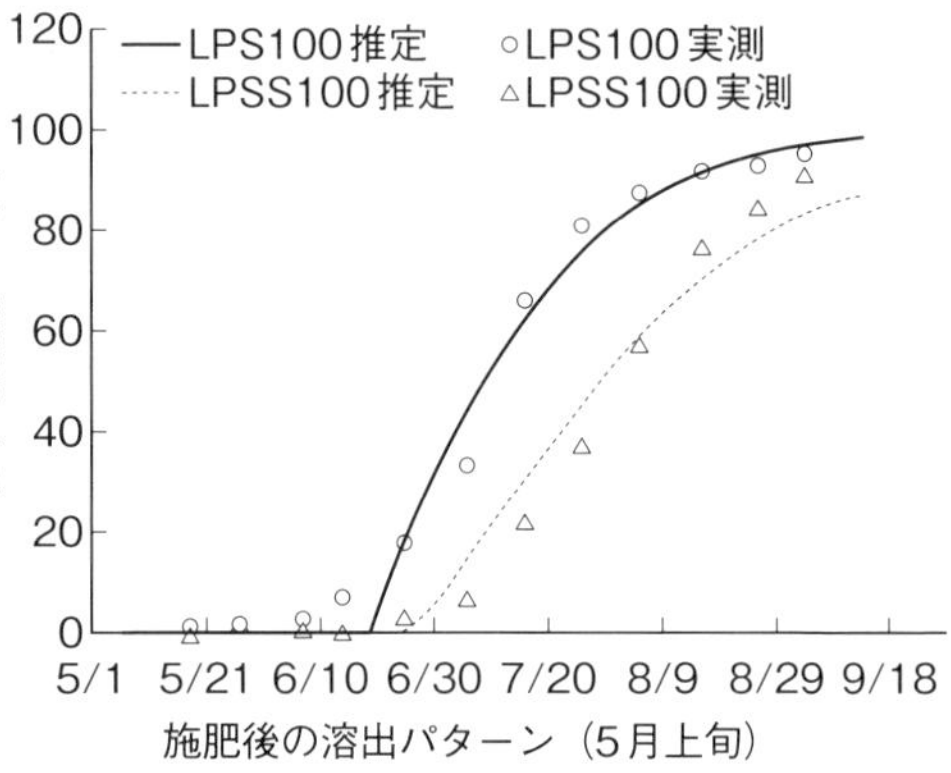

長期緩効性肥料の肥効のあらわれ方（栃木農試）

る。

一発基肥は、基肥用の速効性肥料と追肥の効果のある長期緩効性肥料（LPSS100など）を組み合わせた肥料である。栃木県の「ひとふりくん」はゆっくり溶け出す緩効性肥料の特徴をいかし、「じっくりイナ作」に合わせ速効部分を控えめにし、後半重点の施肥となるようにしてある（グラフ参照）。

コシヒカリ用の「ひとふりくん」は、速効性チッソ：緩効性チッソが一：二の割合で、合計チッソ量が一〇アール当たり五～六キログラムになるよう設計されている。「ひとふりくん」の普及により、施肥は大幅に省力化され、夏の暑い時期の追肥作業から解放された。

一発基肥はほぼ同様の考え方で開発されてはいるが、各県によって成分、比率などが異なっている。また品種に応じた製品ができている。問い合わせて、じっくりイナ作の考え方に合うように（基肥を控え、後半重点）施用量を検討してほしい。

一発基肥の弱点はいくつかある。一つは緩効性肥料は温度によって溶出速度が変わり、気温が高いとチッソ成分が早く溶け出す点である。そのため、コシヒカリなどでは、暑い年には肥料が早く効きすぎて稈がやや伸びる傾向があるので、注意する。また、緩効性肥料の肥効は持続的ではあるが、通常の追肥に比べ、必要な期間での溶出量は少ない。そのため天候が良い年は、肥料不足で葉色が淡く、一穂モミ数の確保、登熟向上が足りない場合も出てくる。その場合は、通常の穂肥よりも施用時期は遅らせるが、穂肥が施用できる条件があればやったほうがよい（穂肥の項で詳述する）。

田植え　あとあとラクする田植えの仕方

大苗植えはコメがとれない

薄まきの苗はつくったし、田んぼの準備もできた。さあ、いよいよ田植えである。

じっくりイナ作の田植えのポイントは小苗植えである。一株植え付け本数の目標を、平均四～五本とする。そんなにむずかしい課題ではない。もっと疎植の栽培法もある。一株平均四～五本の小苗植えならば誰でもできる。

小苗植えにする理由は、太いしっかりした茎をつくるためだ。太いしっかりした茎ができると、自然と穂も大きくなるし倒伏にも強くなる。基肥チッソも減らして小苗植えにすれば、病気にも強くなる。植え付け本数の多いイネは、分げつが多くなり株が立派に見えるが、一本一本の茎が細く、せっかく出た茎も穂にならずに消えて最終的な穂数はさほど多くはならない。それだけでなく、茎が細かったせいで穂は大きくなりにくい。また目に見えて倒伏には弱くなる。

倒伏の少ない年の秋に農家から電話があった。周りは倒伏が少なく収量も高いのに、うちのコシヒカリだけ倒伏してしまったという。いろいろ聞いてみたが、肥培管理はさして変わりがない。困ってしまって、なにかイネづくりで心がけていることがありますかと聞いてみると、うちは昔から田植えだけは他の家よりしっかり植えるという返事。大苗植えだったのだ。

植え付け本数だけの違いで収量や倒伏が違ってくる。何年試験をしても大苗植えのほうが一〇～一五パーセント収量が低く、倒伏が多い。つまり、一生懸命しっかり大苗に植えて収量を下げているのだ。

小苗植えの平均四～五本というのは、実際に田植機で植えた場合、欠株もあるし、一本植え、二本植えの株もある。逆に七本や八本も混じる。そろって四～五本ではない。農家がはじめてこの小苗植えに取り組むと、この姿になかなかがまんできない。

栃木県では小苗植えがだいぶ普及してきたが、それでもまだまだ一箱乾モミ一八〇グラムまき・一〇アール二二

●播種量、使用箱数と植え付け本数

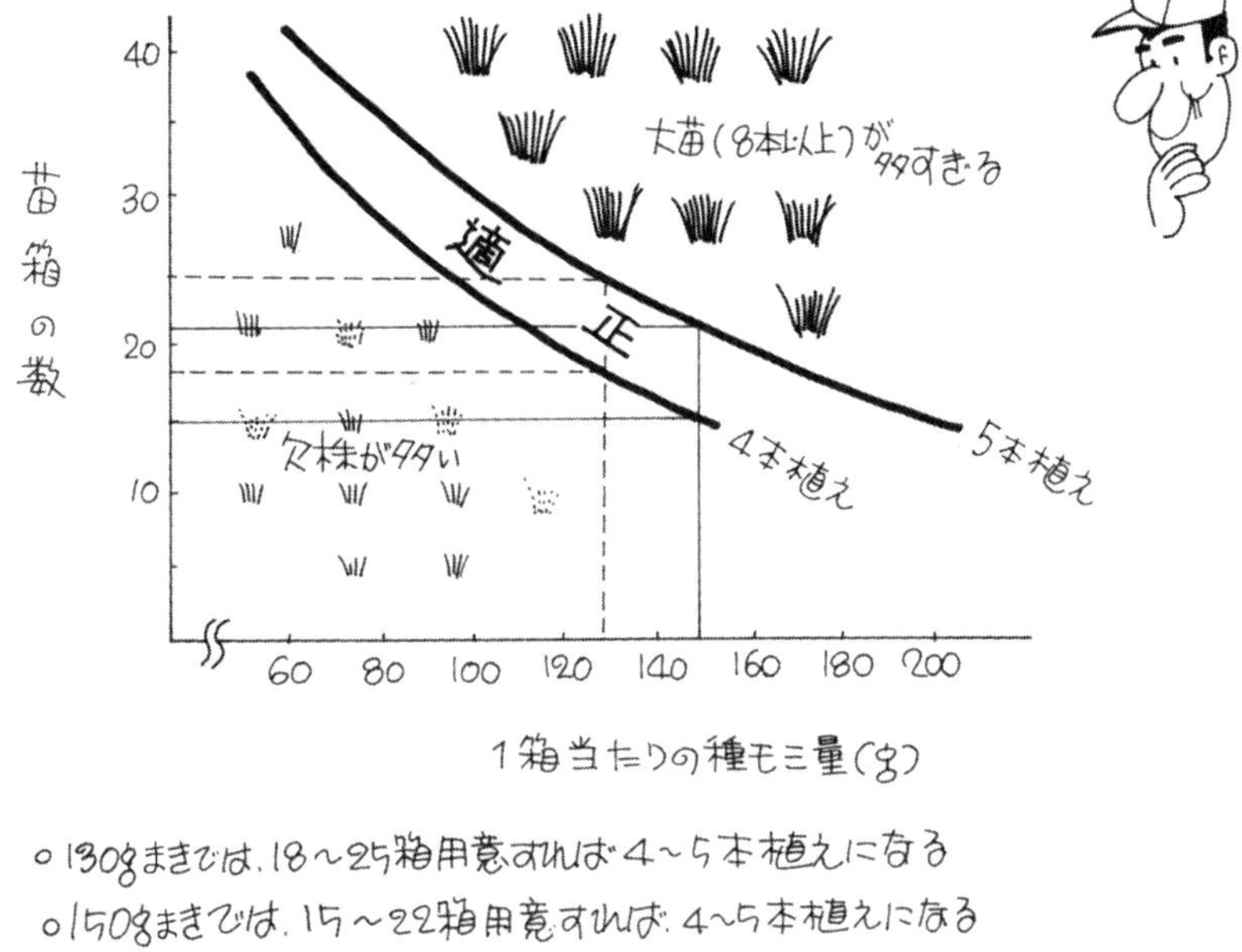

●苗のかき取り量をこうして調節

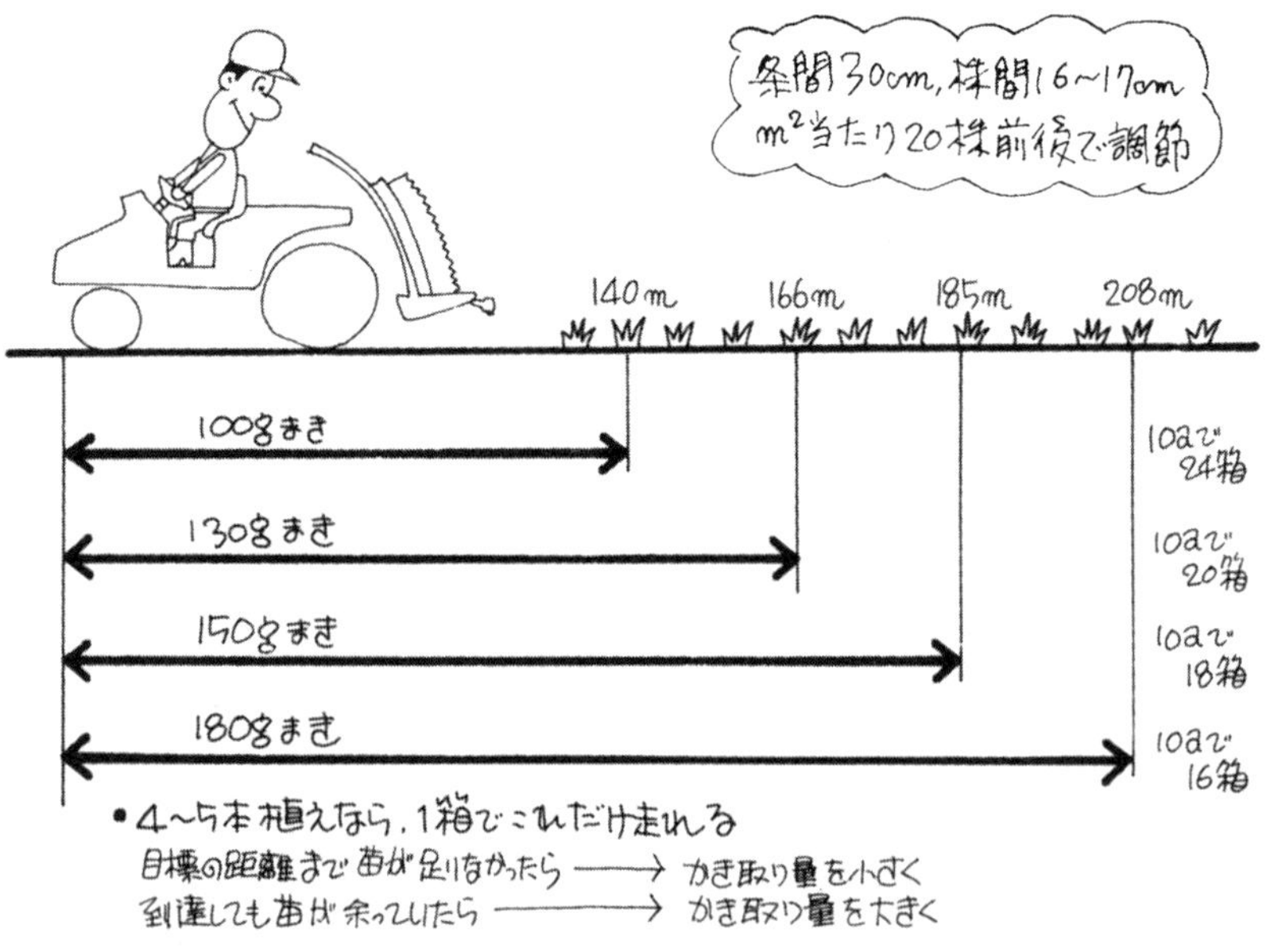

〜一二三箱植えの農家もけっこういる。これでは確実に一株平均七〜八本になっている。その中には、一株一五本植えになっている株もざらにある。

一箱当たりの播種量と使用箱数によって一株当たりの植え付け本数がわかる。右上の図に示したように、一箱当たり乾モミ一五〇グラムまきの場合は一八箱、一三〇グラムの場合は二〇箱が目安である。この図は実際に市販で出回っている田植機を使って求めたものである。図の適正範囲を超える場合は大苗になり、下回る場合は欠株が多くなる。

田植機では一株当たり平均四〜五本植えの小苗植えにするにはツメのかき取り量を調整するわけだが、田んぼの外で少しカラがきしてみておおよその調整をする。田んぼで植えてみて、使用箱数を確かめて再度調整をする。

一箱を植えた長さで植え付け本数がわかる便利な方法もある。これらを参考にやってみればじっくり型の小苗植えはむずかしいことではない。

欠株四パーセントあっても収量は減らない

昔から小苗植えがよいとされていても実際に農家が取り組まないのは、欠株が多くなり補植作業が大変になるという理由がある。

四〜五本植えなら欠株は二パーセント以下

さまざまな種類の田植機を使って平均植え付け本数と欠株率の関係を調べたのが次ページの図である。一株植え付け本数平均四〜五本の田植機では、欠株が約二パーセント発生する（現在は田植機がさらに改良され一パーセント程度といわれている）。平均六本以上になると欠株はほとんどなくなる。

この欠株二パーセントがどれだけ収量に影響するのか。この点がクリアーされない限り、農家はなかなか小苗植えに取り組まない。

そこで、実際の田植機で発生する欠株率とそのときの植え付け本数のバラツキを再現して、収量への影響を調べたのが次ページ下の図である。欠株、一本植え〜多本植えまでが混じった、実際の田んぼと同じ状態で比較したものである。明確に線は引けないが、少なくとも四パーセントの欠株までは収量が低下しないといえる。欠株の周辺が欠株を補う生育をしてくれるわけだ。

欠株率四パーセントは、一〇〇株中に四株の欠株があるわけで、従来の感覚ではとてもがまんできない。しかし、平均四〜五本植えでは二パーセント（現在は一〜二パーセント）の欠株しか発生しないのだから、田植機の調子などでさまざまな変動があって多少

●植え付け本数と欠株の関係

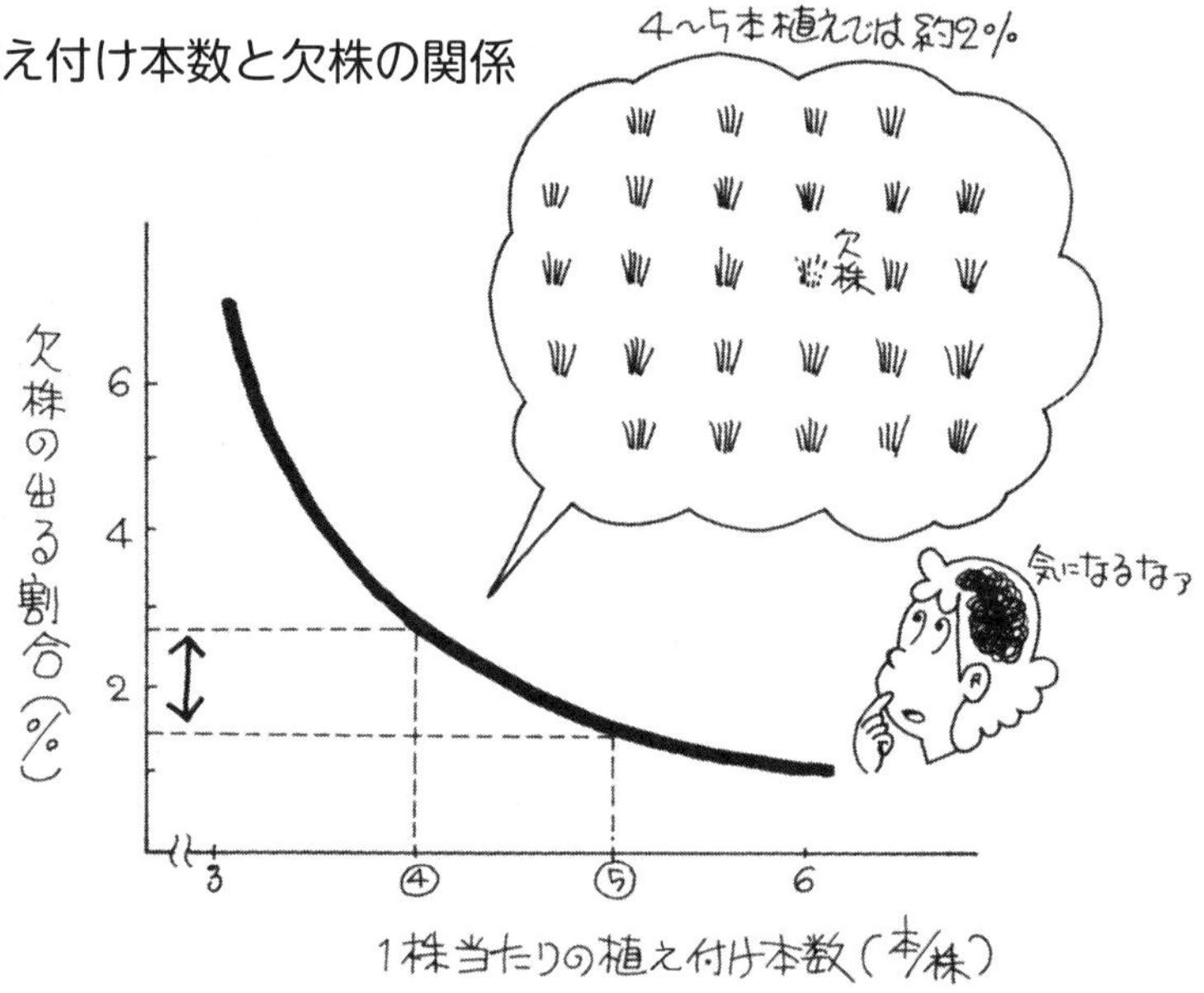

●欠株率が穂数と収量におよぼす影響

※補植しても、穂数は増えるが、収量は増えず

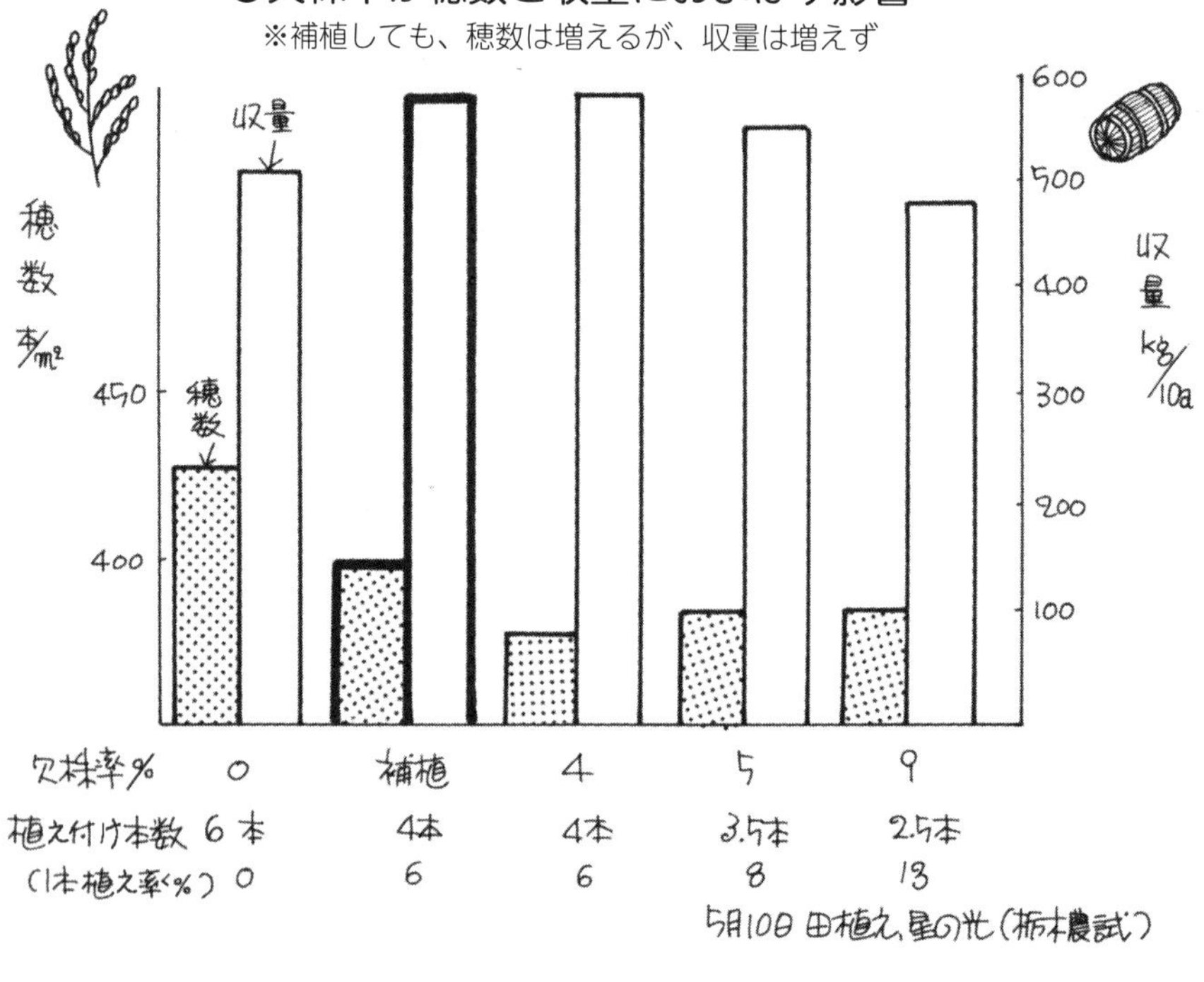

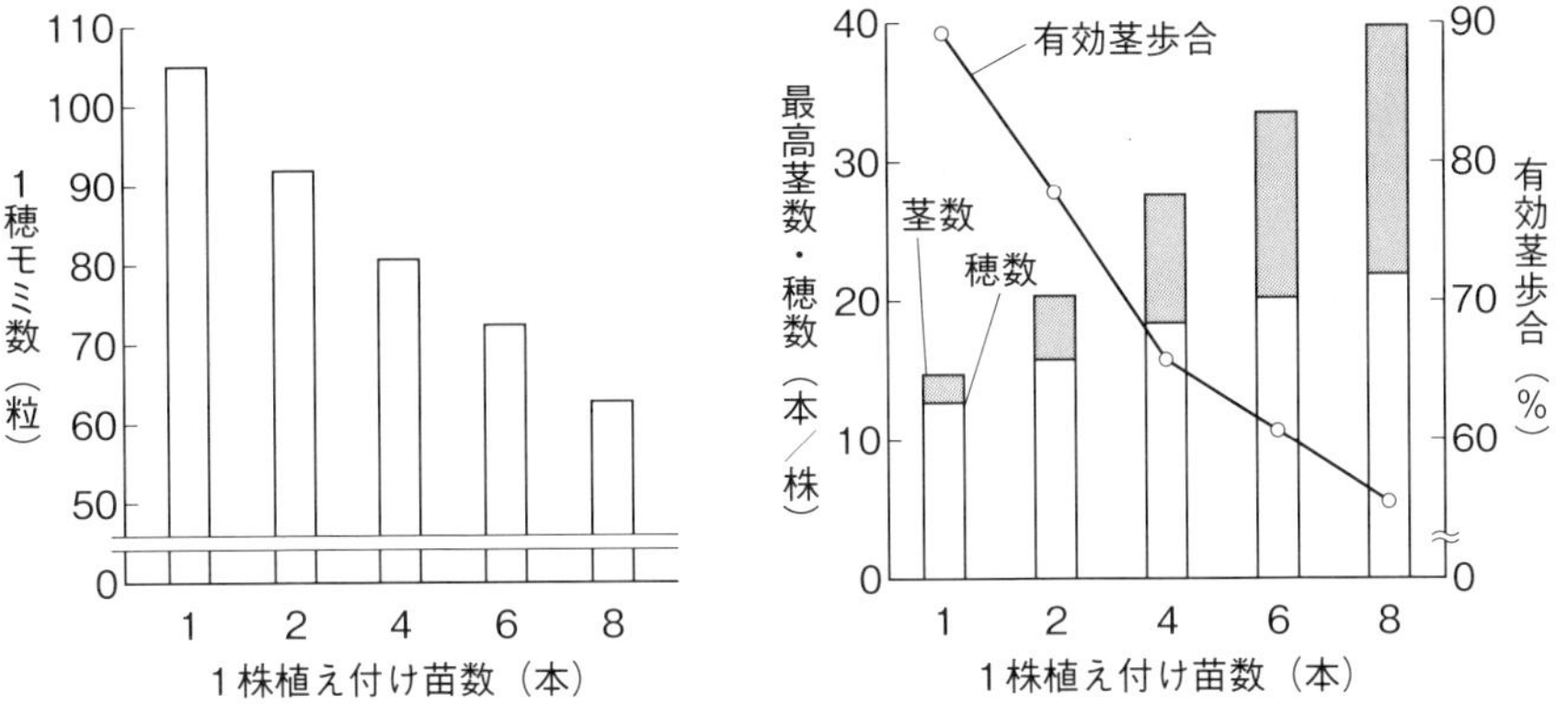

1株の苗数と生育
（山本良孝ほか「日本作物学会記事第55巻別号2」、1986より作成）

欠株が増えても、収量への影響は心配しなくてもよい。

　くどいようだが、一株の植え付け苗数と穂の大きさ、茎数と穂数など、生育との関係を明らかにした研究があるので紹介しておこう（上図）。植え込み本数が少なくとも、イネはしっかり補い合っていることがよくわかる。

田植機のツメの摩耗だけには要注意

　もちろん田植え前に田植機を点検する。次ページの図が、点検のポイントだ。①ツメの点検、②かき取り量の点検、③ツメの位置の確認である。

　その際、とくに一つだけ注意する点がある。それは田植機のツメだ。何年も使ってツメの先がすり減っているのでは、それだけで欠株が増える。ツメは消耗品だ。一本の値段は千円台で、さして高いものでない。調子を見て欠株が多いようならば早めに交換しよう。

どうしても補植したいときの対処法

　これまでの話で、田植え後の補植は必要ないことを理解してもらえただろうか。一度目をつぶって、補植をしないことを経験してみれば、次の年からは安心して補植なしですませることができる。それでも、苗の継ぎ目などで連続欠株ができることがあるのではないかといわれる。そういうことも確かにある。これも前図に示したようなことに注意し、あわてずに田植えをすれば防げることだが、どうしても補植したいときは57ページの図のようにする。苗を持って背筋をまっすぐに伸ばし、田んぼをよく見わたす。そうすると二〇ウネはラクに見られる。連続し

●上手な田植え

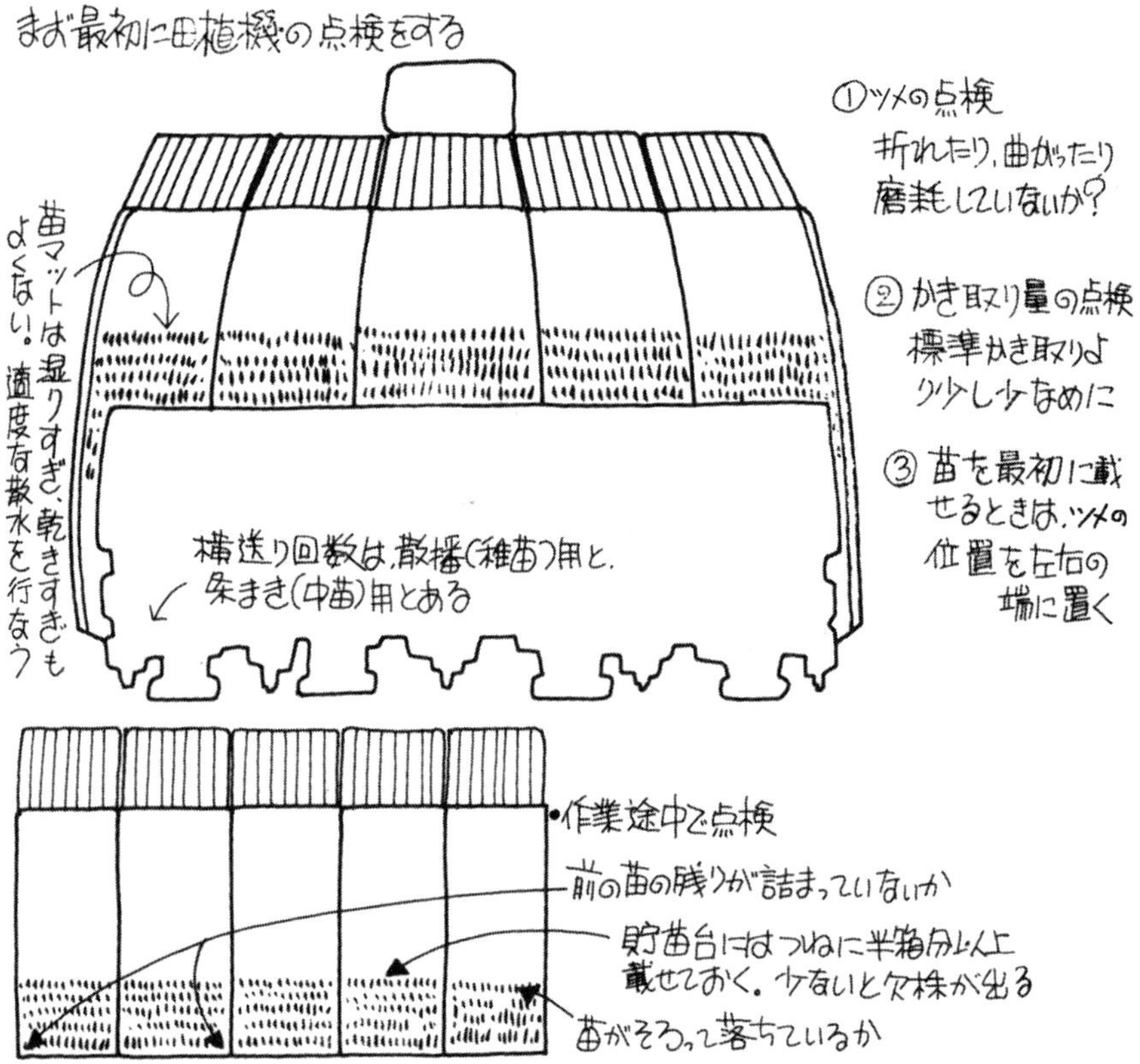

て欠株のあるところがあったところだけを植える。このやり方ならば補植もかなり早く終わる。

　補植用の苗をたくさん持って、前かがみで五〜六ウネしか見ていないと、どうしても全ての欠株を植えてしまう。さらに一〜二本植えも目に入り、あまりのさびしさが気になり、そこへ四〜五本植え足してしまう。その結果大苗になって、前に示したように倒伏を増やし収量を下げてしまう。苦労して補植をして、結果的に収量を下げているわけだ。

無難なのは坪六五〜七〇株植え

　栽植密度は平方メートル当たりでは二〇株程度（三〇センチ×一六〜一七センチ）、坪当たりでは六五〜七〇株が安定した収量が得られる。最近は耕深が浅くなるとともに、株間が広くなりつつある。イネづくりに力が入らな

●それでも補植したいなら！

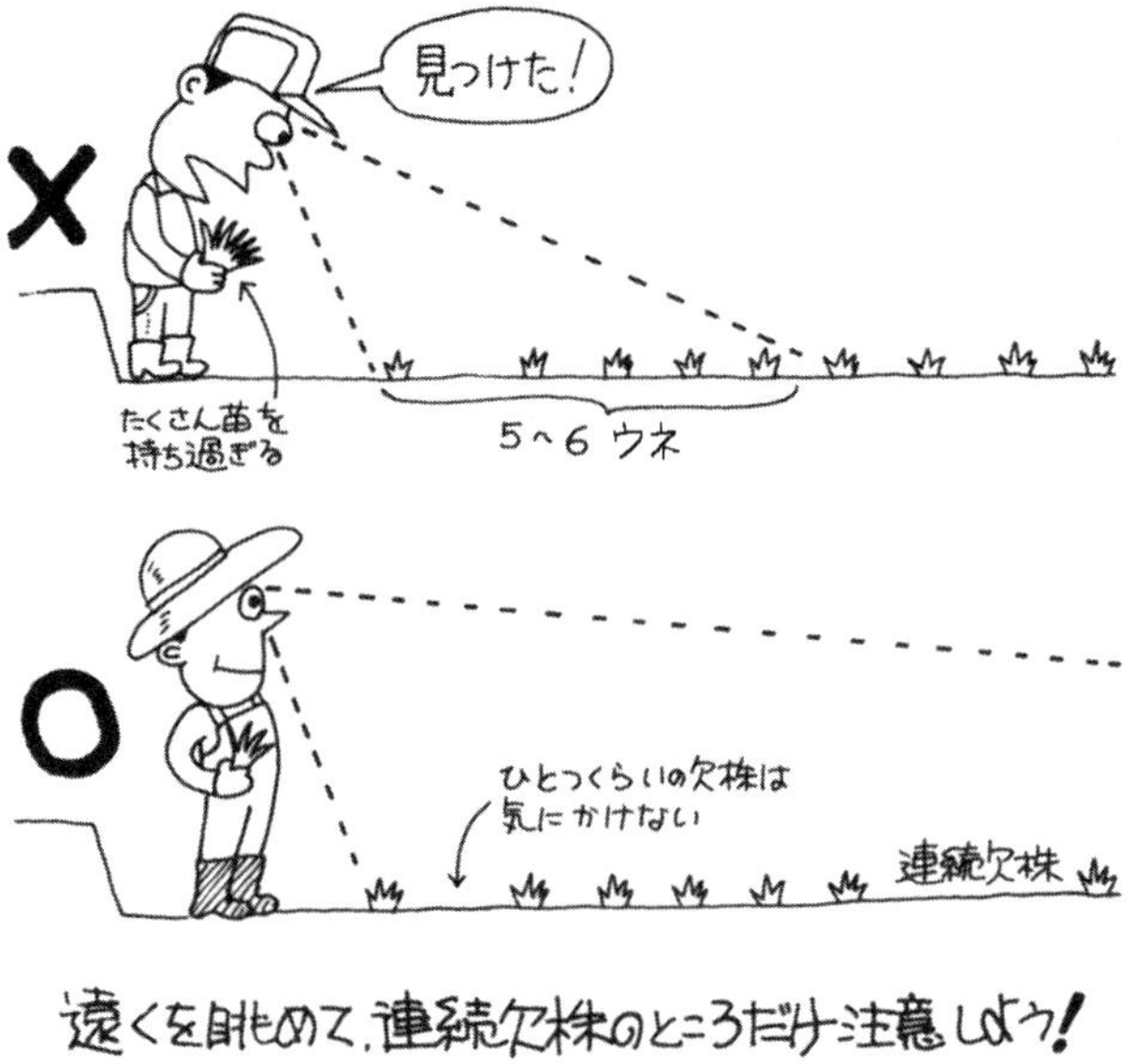

い地域では栽植密度が粗くなり、平方メートル当たり一九株を切っている地域もある。尺角植えや疎植栽培があるが、栽植密度が粗いほど茎が太くなって倒伏にも強くなるという意見がある。意識的にそういう栽培法をすすめている場合はそれでよいが、なんとなく株間が広くなっているのが実態だろう。

疎植にすれば確かに茎は太くなるが、草丈も長くなる。茎が太くなる分倒伏しにくくなるが、草丈が長くなる分倒伏しやすくなる。つまりプラスとマイナスがあり、その差引でプラスになる（倒伏しにくくなる）株間は二〇センチ以上である。一八～二〇センチの中途半端な疎植だと、コシヒカリなどの場合かえって倒伏が増加してしまう。

また疎植栽培は天候が良い年はまずまずだが、天候が悪いと穂数が確保できない。一株の穂数が多くなるので、細い茎や遅れて出穂する穂があり、玄米品質もややばらつきやすい。さらに株間が広いので、雑草も発生しやすくなる。

気温や水温が低い地域では、茎数が確保しやすいように、平方メートル当たり二二株、株間一五センチを推奨してきたが、温暖化の影響でどこも気温が上がってきているので、現在では平方メートル当たり二〇株程度を推奨している。

疎植にすると大苗植えになる傾向がある。大苗植えにするよりは小苗植えにして、栽植密度はきちんと確保するほうがイネの生育は良いし、その後の肥培管理もラクだ。

田植機の設定で注意するのは、耕深が浅い場合は、田植え作業はラクだがスリップが少ないため株間は広くなってしまう。耕深が深いとその分スリップし、株間が若干狭くなる。じっくりイナ作では、耕起と田植え作業は今までより多少がんばってやる。もっともこれは気持ちの問題で、実際には乗用田植機では一五センチの耕深程度では苦にならない。

田植え適期の幅が広い

移植時期を早めると茎数が多く確保できるということで移植時期がどんどん早まり、田植え時期が集中化している。栃木県でもムギ後栽培を除いては四月の下旬から五月上旬、とくに四月末から五月の連休中に田植えが集中している。経営委託や作業委託を受けて大規模にイナ作をやっている農家も、その期間に田植えをすませようと無理をしている。一日に一〇時間も田植えをしたりする。これでは長続きしない。

じっくり型の場合、そうあわてて茎数をとらないし、目標の穂数も少なめなので、田植え時期もある程度余裕がある。具体的には五月上旬から植え始めて五月中旬まで植えられる。五月末になると穂数がやや少なくなり、収量も五月上旬植えより低下するが、減収は五～一〇パーセント程度である。

遅く植える場合、コシヒカリなどでは五月上旬植えより稈が伸びる傾向があるので、基肥チッソは上旬植えよりさらに減らして、追肥時期で加減するようにする。晩生の品種は、あまり遅く植えると出穂後の気温が低くなるため登熟が十分でなくなるので、五月中旬までには植えるようにする。

田植え時期に幅ができると、イネ以外の園芸に力を入れている複合農家や大規模経営農家も田植えの段取り、計画がやりやすくなる。

前半の水管理　早めの間断かん水でラクにいこう

無効茎を減らすための水管理をめざす

水管理のやり方を説明する前に、イネの分げつ発生について確認しておこう。

イネは田に移植されて活着すると、根を伸ばし、葉身の付け根から分げつを発生し始める。生育の環境（とくに水温）が良ければ早く、順調に発生する。親茎から発生した一次分げつ、さらにその一次分げつから二次分げつが

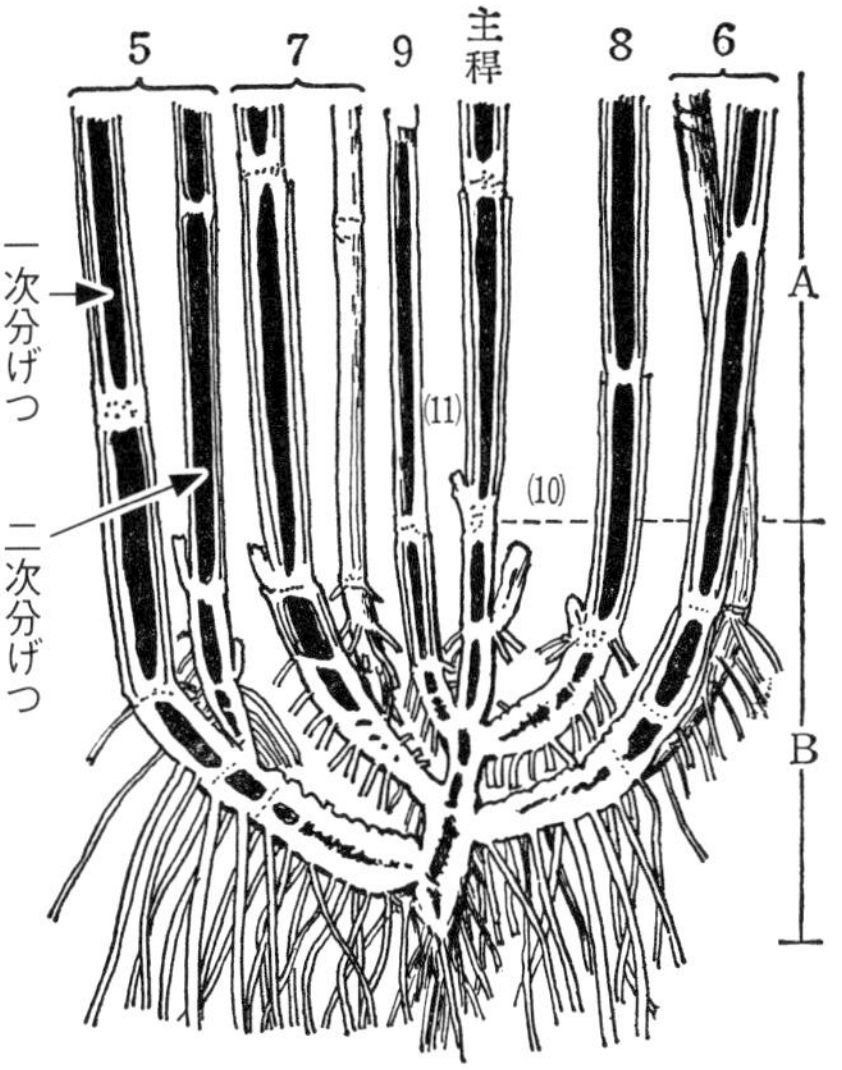

分げつからも分げつが出ている
(10)、(11) は枯死した分げつ
A部分からはふつうは分げつが出ない
B部分から分げつが出る（分げつ節部）

分げつの状態（星川原図）

発生し、田植え後一カ月もすると、最後に穂になる必要な茎数（有効茎数と呼ぶ）がほぼ確保できる。しかし、分げつはその後も発生し続け、田植え後二カ月後ごろに最大に達する。この時期を最高分げつ期と呼ぶ。その後徐々に分げつ（茎）数は減り、残った茎が穂になる。最高茎数と有効茎数の差は無効茎で、消えていった茎だ。

じっくりイナ作では、最高茎数を多くしない、つまり無効茎を減らして、穂になる太い茎を確保する管理を行なう。そのための、手間のかからない水管理方法を紹介しよう。

田植え後の浅水管理は水温を上げる

田植え直後にはやや深水にして、植え付け姿勢を保ち活着を促す。活着後は浅水として、分げつ発生を促す。これは従来と同じである。浅水管理の場合、夜間あるいは早朝に田に水を入れ、

昼間は水を止めて、できるだけ温めるのだが、これがなかなかできない。

最悪は常時かけ流しで、水温が上がらず、生育の遅れや生育ムラが発生する。最近は一つの田んぼ区画が大きくなったものの、水口が小さいためにかけ流しになりがちだ。浅耕で水持ちが悪くなっているのかもしれない。

じっくりイナ作では分げつをじっくり確保すればよいのだから、あまり神経質にならなくてもよいが、午前中の早いうちに水を止めるようにしたい。

水温の低い地域の、ある多収農家の話を聞くと、朝四時に起きて六時には全部の水田に水を入れ終わってしまう。夜間の水温も冷やさないようにしているのだが、ここまでやらなくても、夜のうちに水を入れるようにはしたい。

水口付近は水温が低いため生育が悪くなりがちだが、畦波シートを入れるなどして、入ってくる水の流れをちょっと広げて分散させるだけでもずいぶん違う。

浅水にする期間に小苗に植えた苗がしっかりと根を張り始め、本葉第二〜三節の下位の節から分げつを発生し始める。下位の節から出た分げつは確実に穂につながる。大苗植えではこの下位の分げつが休んでしまう。そして後で上位の分げつがたくさん発生し、無効茎となる。無効茎であっても、数が増えると残った一本一本の茎が細くなる。

この浅水で管理をする期間は決して長くない。イネのスタートには大切な時期なので、ていねいに見てまわろう。

じっくり型では早めの間断かん水に

さて、移植後四〜五週間たつと、必要な穂数に相当する茎数が確保されている。ぜひ一度小さな茎数も含めて数えてみてほしい（数え方については63ページの囲み参照）。平方メートル当たり四〇〇本前後が目安だ。必要な茎数がなくても八割はあるはずだ。これに満たないのは、水温が低い、あるいはかなり深植えになっている、または除草剤の薬害などが考えられる。そのような特別な事情がない限り、左図上のように、有効茎数が確保できたら間断かん水に入る。

移植後一カ月ごろだと草丈は短く、間断かん水に入るにはまだイネが小さすぎるように思えて、なかなか水を切れない。また、浅水を続けて、分げつをもっととってから間断かん水に入ろうという考えが強いため、開始時期がどうしても遅れてしまう。これまでのイネづくりでは、移植後四〇〜四五日間を浅水管理で行なっていたため、分げつがどっと増えて過剰になり、茎が細くなり、葉色は早くから淡くなりがちであった。こうしてどうにも対処が

●間断かん水の開始時期

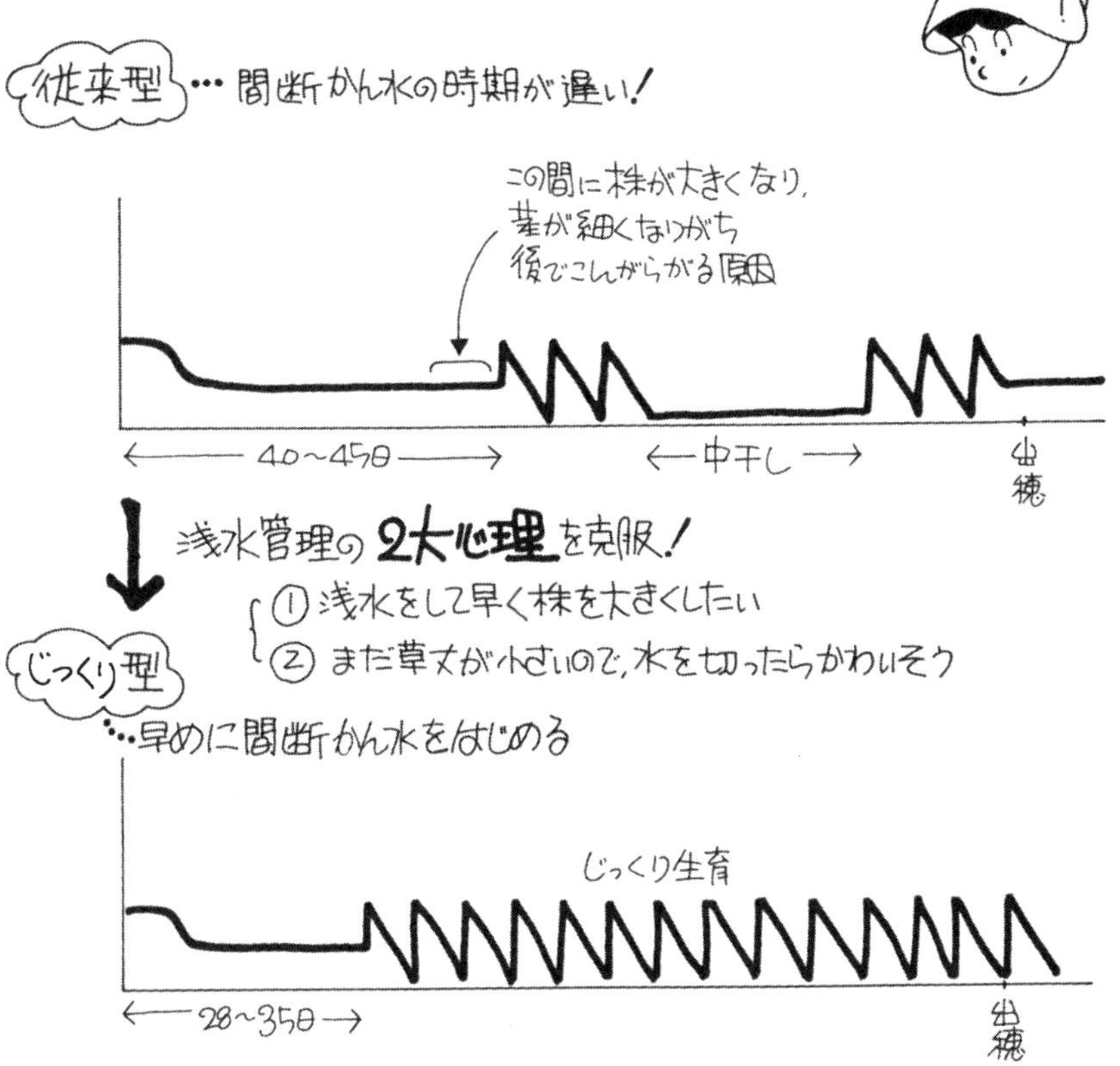

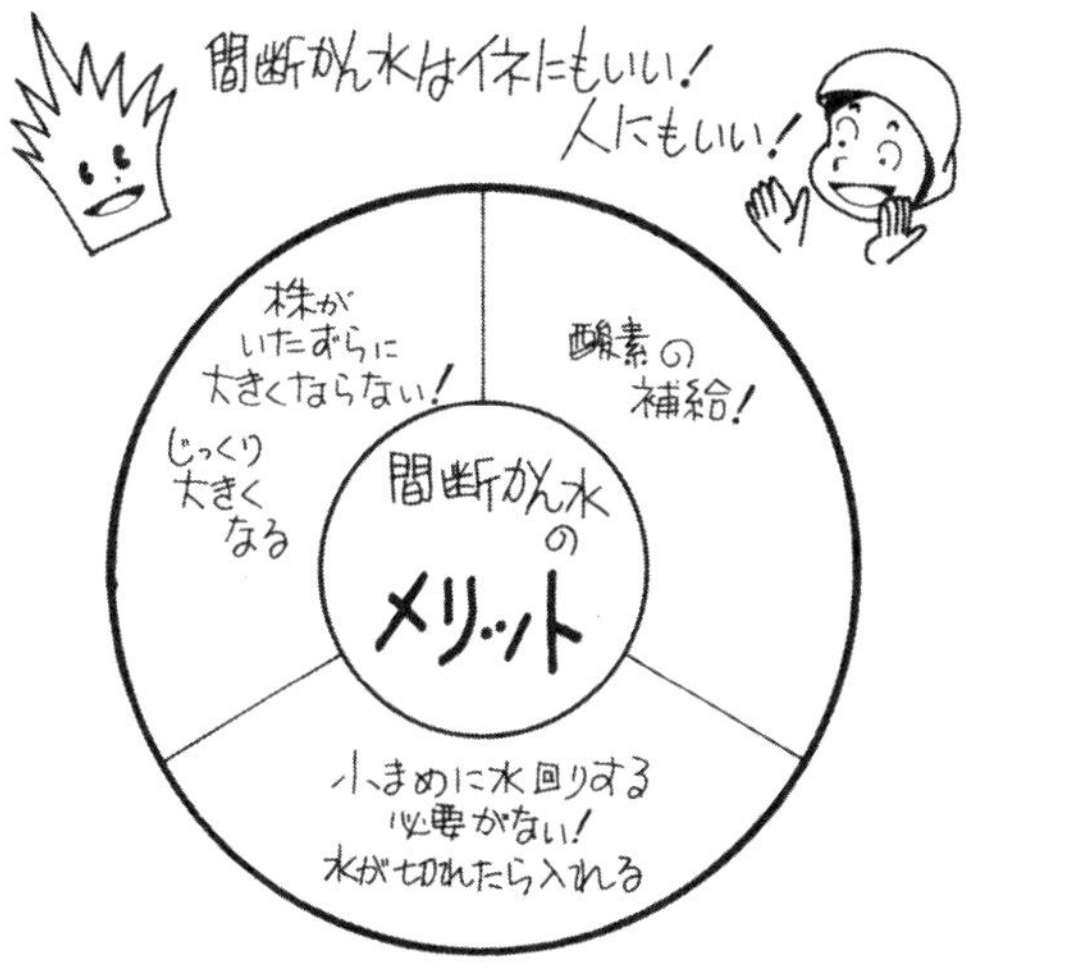

しにくい姿になり、その後に強い中干しが必要になった。

これに対して、基肥チッソを減らし、薄まき、小苗植えで出発しているじっくりイナ作は、間断かん水を早めに始める。間断かん水に入ってすぐに分げつの発生が止まってしまうわけではない。早めの間断かん水で余分な分げつをあまり多く出さないようにするわけだ。また、移植後四～五週間で間断かん水に入ることによって、茎は太くなり倒伏も軽くなるし、穂肥を必要な時期に十分施用できるイネになっていく。早めに土に酸素が供給されるため、有機物の分解によるガス発生で根を傷めることもない。

この後は、秋になるまで、いろいろのかけひきは考えず間断かん水でよい。中干しや深水などいろいろな水管理の方法があるが、間断かん水で根に酸素を供給しながらイネが水を吸えるようにしてやると、イネは健全に育つ。

浅水管理と違って間断かん水は、水がなくなったら入れればよいわけだから、気もラクだ。かん水した後、水が自然と浸透して減ってきて、二～三日すると（湿田ではより日数がかかる）田の一部にひびが入る程度に乾いてから、入水する。中干しは生育を抑制しイネの根を傷めるが、間断かん水は茎数をじっくり確保し、太い茎をつくる。ただ、間断かん水はあまり強く乾かすと、入水時に水がたくさん必要になるので注意しよう。

中干しは不要だがこんな場合は軽い中干しを

コシヒカリなどの倒伏しやすいイネでは、倒伏を避けるために長めの中干しが推奨されてきたが、梅雨と重なって干せないことも多く、その場合かなり倒伏してしまった。じっくりイナ作では、基肥チッソを減らし、薄まき、小苗植えで、これまでより早めに間断かん水に入るので、中干しは基本的に考えなくてもよい。じっくりイナ作で強い（長い）中干しをすると、逆に生育量不足の、穂数もモミ数も少ないイネになってしまう。

ただし、軽い中干しが必要な場合がある。①水はけが悪く毎年倒伏する田んぼ（半湿田～湿田）、②後の生育診断（74ページ）のところで述べるが、茎数が多くなってしまい、かつ葉色がさめてこない場合である。この場合、

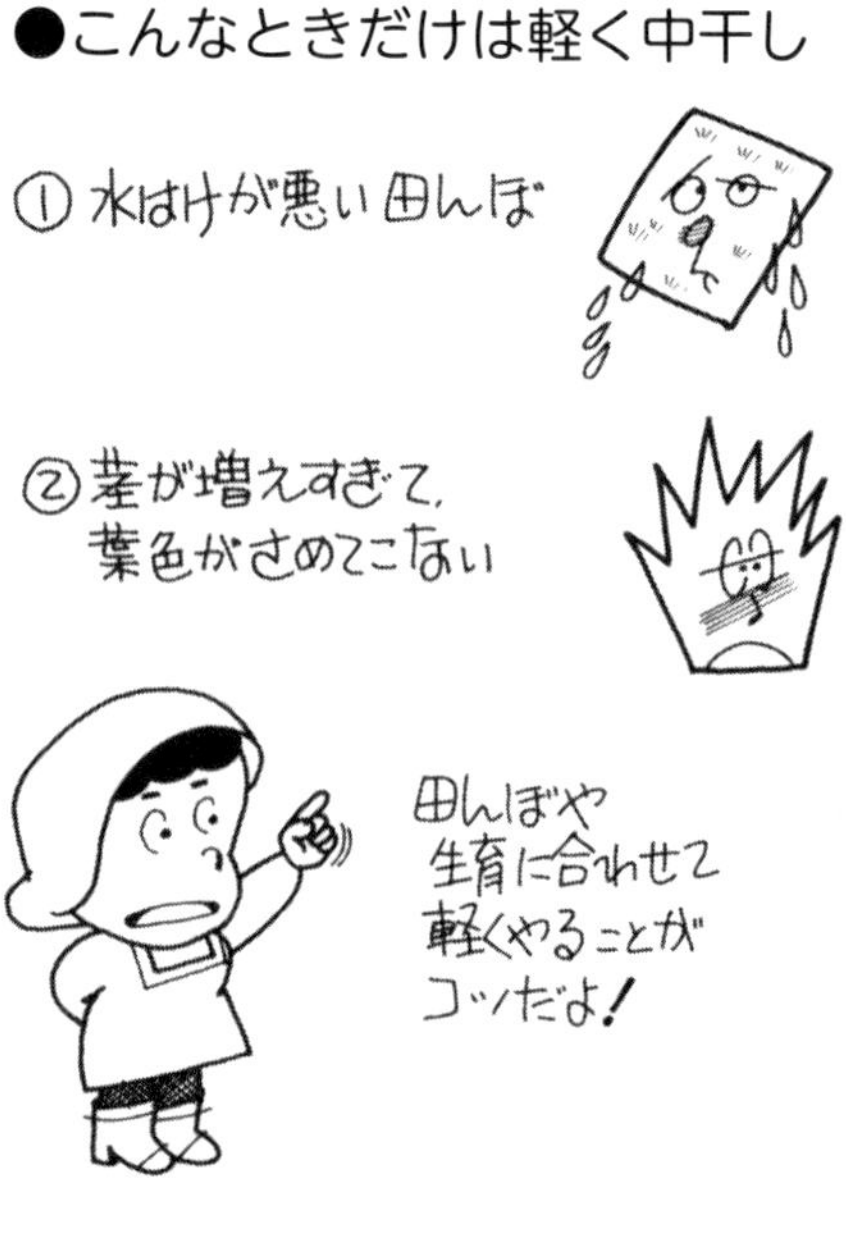
●こんなときだけは軽く中干し
①水はけが悪い田んぼ
②茎が増えすぎて、葉色がさめてこない
田んぼや生育に合わせて軽くやることがコツだよ！

最高分げつ期のころ（関東では六月下旬～七月上旬）軽く中干し（期間は七～一〇日）をする。強い中干しをしようとすると、天気が気になったり、水が切れなかったりするものだが、じっくり型は田んぼや生育に応じて軽く中干しをすればよい。

深水栽培をどう考えるか

生育中期に、間断かん水や中干しのかわりに、深水にして無効茎の発生を抑制する方法が雑誌などですすめられることがある。栃木県でも北部の水温の低い地域で実施してうまくいっている例がある。雑草抑制にもなるようだ。

ところが、平場で試験をすると確かに無効茎が減って茎も太くなり、その深水管理の後に穂は大きくなるのだが、葉色のさめ方が悪くどうしても草丈が伸びて倒伏しやすくなる。つまり深水管理によってチッソを持ち越すようだ。

深水栽培は出穂期前後が冷涼な地域や水温が低い水田、あるいは倒伏に比較的強い品種ならば有効なこともあるが、マイナスになることも多い。また深水管理をするには、畦畔を高くしっかりつくらなければならないという実際面での問題もある。

ただし、生育後半の冷害や台風対策としての深水管理があるが、後半の水管理のところ（69ページ）でふれる。

茎の数え方

親茎（主茎）の葉身の付け根から分げつが発生する。１株ごとに、親茎とともにこの分げつを数えて茎数を出す。１株に４本を植え、それぞれが親茎１本、分げつが４本あると計５本で、株当たりは４×５＝20本となる。

分げつに葉が何枚か付いていればわかりやすいが、分げつ始めはいつから１本と数えられるのか？　分げつの葉の先が、親茎の葉の付け根から少しでも見えたら、１本と数える。慣れないと、最初はわかりにくい。

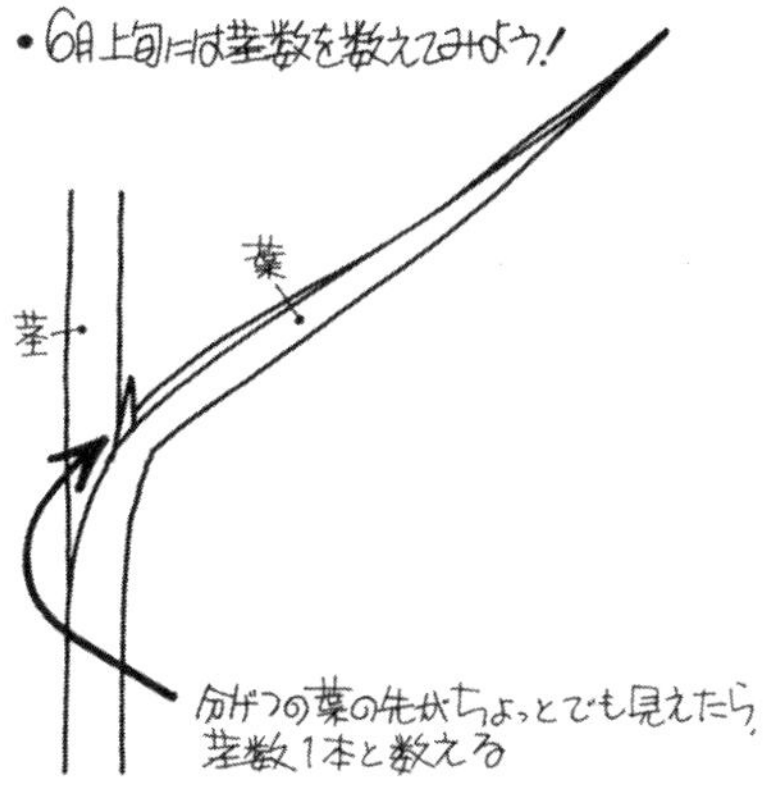

雑草退治と病害虫防除はこれだけで

雑草防除と病害虫防除はこの本の中心的な議題ではないので、詳しくは述べない。ここでは、基本的な考え方と、じっくりイナ作との関係についてだけ述べる。

◎手間と金をかけない除草剤の選び方

雑草を三つのグループに分ける

除草剤に手間とお金をかけないためには、どのような雑草が多いかを知っておきたい。水田の雑草には三つのグループがある。

第一グループは、ヒエやコナギなど昔から一般的に発生する雑草で、安い除草剤でも効きやすいが、油断すると残ってしまう雑草である。第二グループは、ホタルイやウリカワで、多発してきたらそれらに効く専用の成分を含む除草剤が必要である。第三のグループは、クログワイやオモダカの難防除雑草である。この第三グループは塊茎で増え、水田の深いところからも芽を出し、ダラダラと発生する。そのため効果のある成分を含む除草剤を使っても、効果がなくなったころにまた発生する。一度侵入するとなかなか防除できない。一年での防除は困難で、継続して防除する。

自分の田んぼに発生する雑草を見極め、それにあった除草剤を選択することが肝心で、無理に高い除草剤を選ぶ必要はない。第一グループが主体ならば安いものでよい。第二グループ、第三グループの場合は、それに効果のある成分を含むものを選択する。

現在の除草剤は一発除草剤である。かつては初期剤＋中期剤の体系防除が中心であったが、スルホニルウレア系の成分が開発され、適応雑草が増え、効果も長くなったので体系防除の必要がなくなった。一回の散布ですむので「一発除草剤」といわれている。背負い動散で散布をする一キロ剤だけでなく、フロアブル剤、ジャンボ剤、豆粒剤など、省力的に散布できる剤型も普及している。

しかし、雑草が多発する田んぼでは、やはり体系防除のほうが殺草期間が長く効果が高いので、一発除草剤以外が必要な場合もある。一発剤→一発

●第2、第3グループは、一発剤では残りやすい

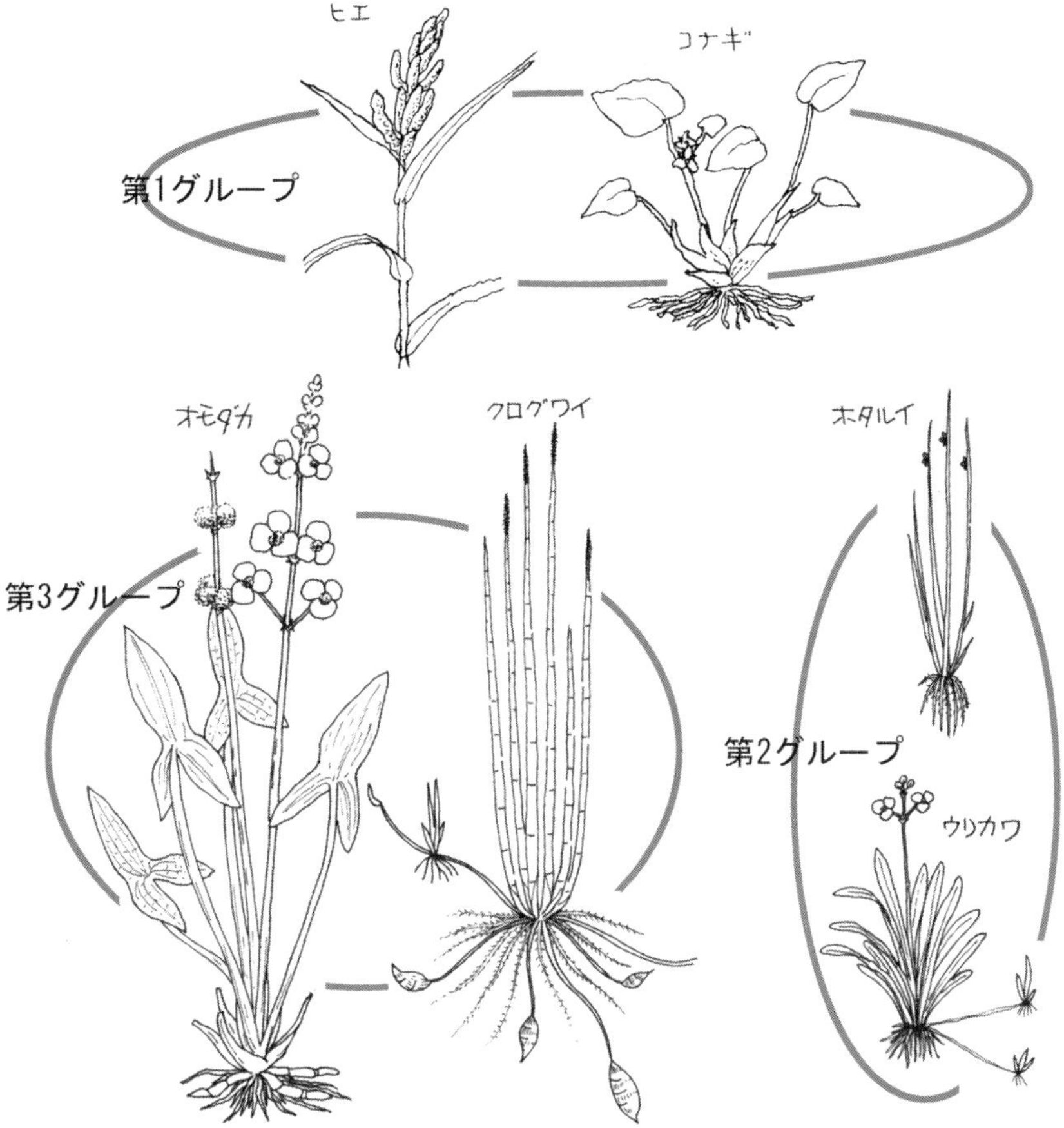

剤では経費が高くなるので、値段の安い初期剤→中期剤の体系か、効果を高めるためには一発剤→中期剤を選択する。

要は雑草の発生状態によって、労力やお金をかけないやり方を選ぶことだ。また、広葉雑草や小型の雑草は、完全に枯れなくても収量には影響しない。雑草に関しては完璧主義を捨てて、緩やかに考えたほうがよい。作業の関係で代かきから田植えまでの期間が長くなってしまう場合（六日以上）、田植え後の一発剤とは別に、田植え前に初期剤をかけておくことがある。この場合は一発剤までつなげばよいわけだから、散布量は規定の半量で十分だ。

効果的に効かせる水深と散布時期

除草剤をまいたのに効果がないという問い合わせがけっこう多い。多くが水管理が原因で、浅水で処理していることが多い。除草剤は、散布時の水深が深いほうが効果が高い（バサグランなどの落水散布剤は異なる）。除草剤の説明書きに「水深五センチ」など具体的に記入してある剤もある。五センチの水深は思った以上の深さだ。フロアブル剤、ジャンボ剤、豆粒剤などの省力剤は散布量が少なく、拡散するためにはとくに水深が必要だ。

一方、イネへの薬害は水深が深いほど大きい。この関係は常に変わらないのだから、この関係を念頭に置いて除草剤は使う。つまり雑草が多ければ深水にして雑草を少なくし、雑草が少なければイネを大切にするため、あまり深水にしなくてもよい。イネの生育ばかり考えてもいられない。雑草を一度少なくすれば、弱い除草剤でも間に合うようになる。薄まきでいい苗をつくっていれば薬害はもちろん少ない。

最近、とくに強調されているのは散布後の水管理のやり方だ。「一週間はかん水しない」とされている。かん水すれば、除草剤の処理層が壊れ効果が低下するからだ。そのためにも、散布前の水深は深いほうがよい。ただし、田んぼによっては四日以上かん水しないと土に割れ目ができて、水がもたなくなるところもある。そのような田んぼではやむを得ずかん水するが、できるだけがまんするのがよい。

もう一つ気をつけたいのは散布時期で、それぞれの剤に散布可能時期が記入してある。効果やイネへの薬害を試験して決められている。この散布可能時期の範囲の中でできるだけ早く散布したほうが、効果を高めるようである。

田植え後に一～二日散布が遅れると雑草はすぐに大きくなって効き目が下がってしまう。

水深の確保と、できるだけ早い散布時期がポイントになる。

畦畔雑草は高さ六〇センチになるまでがまん

田植えやイネ刈りが機械化されている現在、イネづくりで最も大変な作業は畦畔雑草管理になりつつある。イネづくりの受委託がすすまない大きな原因は、水回りと畦畔の草刈りだ。すでに大きな面積を受託している農家の管理している田んぼの畦畔に雑草が伸び放題なのはよくある例である。

私も実際にイネづくりをしているが、イネ刈り後の草刈りも含め、年に六～七回草刈りをしないと間に合わない。温暖化の影響で草の伸びも良いのかもしれない。そのため、一般的な肩掛け草刈り機の他、自走式の草刈り機（ウィングモア、スパイダーモア）も広く用いられるようになってきた。

畦畔を草高の短い草で覆い、草刈り回数を減らす研究もなされてきたが、イワダレソウや野芝もその草が優占するまでに手間がかかり、なかなか広まっていない。防草シートも売られているが、面積が大きいと経費がかさむ。

省力的に管理するには、①草高が六〇センチ程度になるまでがまんをする。それ以上の草高になると逆に草刈り作業が大変になる。②除草剤を組み合わせて草刈り回数を減らす。除草剤ばかり使うと草の根が減って畦畔が崩れやすくなるので、使える畦畔は選ばなくてはならない。草刈りと除草剤を交互に組み合わせると、年二～三回の草刈り回数ですんだ事例もある。いずれにしても、畦畔雑草管理はこれからのイネづくりの大きな課題である。

病害虫対策……薬をできるだけ少なく

じっくりイナ作では、病害虫を絞りこむ

イネの栽培は歴史が長く、日本農業の中心作物であったため、多くの病害虫が報告され、注意書きがたくさんありすぎる。それぞれの病害虫に対応する薬剤も膨大である。しかし、おもな病害虫はさほど多くなく、後述するようにじっくりイナ作では病害虫の発生が減っており、おもな病害虫は、いもち病とモンガレ病、カメムシによる食害である。その他には、麦作が盛んな地域ではヒメトビウンカに由来する縞葉枯病、寒冷地や山間山沿いに発生が多い害虫イネドロオイムシなど、地域特有のものがある。

おもなものだけ注意すればよく、薬剤の使用はできるだけ少なくしたい。

防除所情報、SNS情報をいかして無駄防除をなくす

薄まき、小苗植えで基肥チッソを減らすと茎は太くなり、株もすっきりする。その結果、いもち病やモンガレ病が少なくなる。最近、栃木県でいもち病の発生が少なくなっている要因の一つに、この栽培法の改善があげられている。いもち病が減ったのは生育中期のイネの体のチッソが低下したことによる。また、虫の餌となるイネ体チッソの濃度低下によって、虫害も全般に減っている。モンガレ病は茎数が従来より減り、茎や葉が込み合わなくなったことによると考えられる。

しかしヒメトビウンカによる縞葉枯病などは、じっくりイナ作だから発生が少なくなるとは必ずしもいえない。害虫は地域によっても種類、発生型が異なるので、それぞれの普及所などの

情報を活用してほしい。

ただ、基肥チッソを減らすじっくり型栽培改善や品種改良で、病害に強いイネになっていることは確かだ。役所から出される文書には「……に留意する」「……に注意する」式のものが多い。病害虫についてはその傾向が強い。かなり改善されてはきているが、注意を喚起しておかないと、実際に発生したときに大変だという責任論もある。「……については今年は防除しなくてもよい」という情報がもっとほしいと思うのだが。

各県とも病害虫防除所があり、その年の病害虫の発生動向、ある程度の予測を行なっており、SNSでも情報が発信されている。それらの情報を活用し、無駄な予防防除はやめ、最低限の防除にしたい。

穂ばらみ期のいもち病や出穂後の斑点米カメムシなど、重要な時期の防除は省略できないが、それ以外のときに無駄な予防散布をしていないかどうか検討したい。また病害虫でもツマグロヨコバイの食害などのように、ある程度発生しても実害の少ないものもある。そのようなものについてはラフに考えることも必要だ。

箱施用剤と農薬を減らす耕種的防除

最近は、本田で薬剤を散布している風景は減ってきている。その理由として、育苗箱への箱施用剤（主にいもち病と殺虫剤の混用）の普及がある。省力的でかつ効果が高い。農薬の使用量を減らし、防除回数を減らす有効な方法だ。いもち病、ドロオイムシなどの発生が多い地域では検討してもよい。

斑点米カメムシの被害は品質低下の大きな要因であり、従来は山沿いの地域に多いとされてきたが、最近はカスミカメムシなど小型のカメムシが平場にも広まってきている。薬剤防除としては、出穂後に穂いもち病防除と兼ねてカメムシ用の殺虫剤をラジコンヘリなどで防除している。しかし、薬剤散布だけではなかなか防除しきれない。

斑点米カメムシは好物である畦畔のイネ科雑草の穂に引き寄せられてきて、そこから田んぼ周辺部のイネの穂に移っていく。そのためイネの穂が出る前から出穂後イネの穂がある程度硬くなるまで、畦畔のイネ科雑草を減らすと斑点米カメムシを引き寄せずにすむ。そこで具体的対策として、イネ出穂の二〜三週間前と出穂期ごろの二回連続で草刈りをする。通常より狭い間隔の草刈りとなるが、イネ科雑草が穂を出さないようにするためだ。斑点米カメムシ対策として有効な耕種的防除法である（奈良農試、寺元憲之氏原典）。今後、その他の病害虫についても開発されるので活用していきたい。

後半の水管理　ラクな間断かん水が基本

**間断かん水を基本に
間隔を途中で変える**

必要な茎数が確保された田植え後三〇～三五日から間断かん水に入る。間断かん水は最もラクな水管理法だ。毎日かん水する必要がなく、田に軽くひびが入ってきたらかん水すればよい。水回り回数、労力を減らせるし、イネの根にとっても良い方法だ（60ページ）。

かん水する間隔は、当然田んぼによって違うが、目安として、開始初めは四～五日に一回のかん水とする。その後、最高分げつ期ごろに、毎年倒伏しやすい田んぼのコシヒカリでは軽い中干しをするが、その他の品種ではそのままの間隔での間断かん水でよい。

幼穂ができる時期～出穂期前後は、イネが水を必要とする時期とされている（左図）。それで、出穂期前から常時湛水にする人がいるが、飽水状態（イネが水を吸える状態）であれば十分だ。この時期を間断かん水で通しても、モミ数が減ったり、登熟が低下したことはない。ただ、水が切れないように留意するため、穂肥を施用する前から（基肥一発の場合は穂肥を施用しないが、この時期から）三日に一回の割合と、かん水間隔をやや短くする。

出穂後も、落水する出穂後三〇日ま

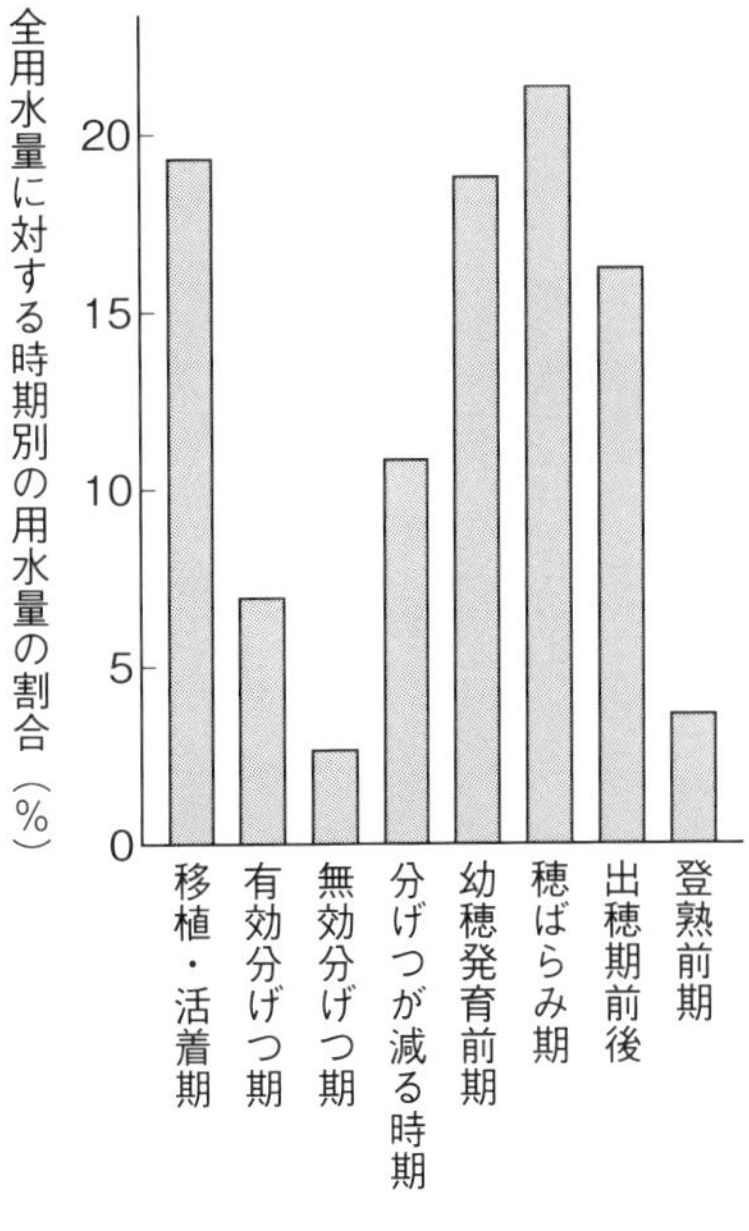

イネの生育時期別用水量

（伊藤隆二「水稲の栽培」1962年による）

では、三日に一回程度の、間隔がやや短い間断かん水で通したほうが、じっくりと登熟し食味が良くなるようだ。田んぼの水が切れすぎたり、落水状態になることは避けたい。

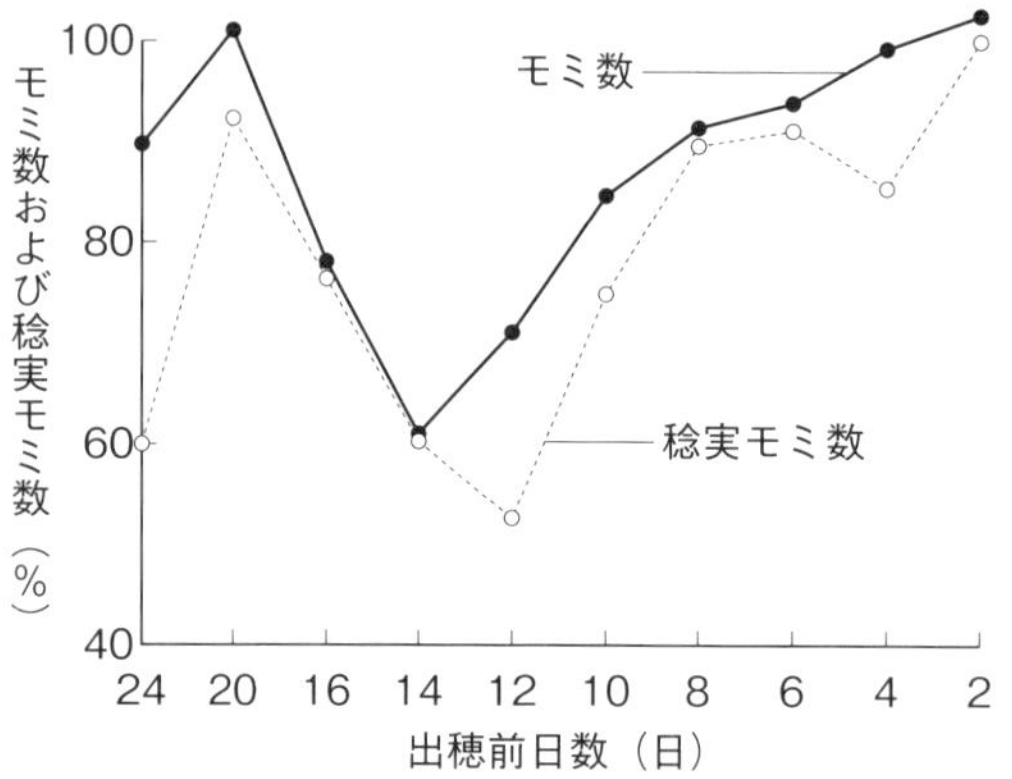

幼穂発育期の低温の影響

（寺尾博ほか「日本作物学会紀事」第12巻3-4号、1942年による）

出穂前の低温危険期は水深に注意

出穂期前二四日ごろと一五〜一二日の二つの時期のイネは、低温に弱い。この時期に日平均気温で二〇℃を下回る低温が襲来すると、モミが稔らず冷害になる。とくに出穂期前一五〜一二日の時期は花粉が減数分裂する時期といわれ、低温による不稔が発生しやすい。一九九三年の大冷害はこの時期の低温によるものであった。

幼穂長では、一ミリ（出穂前二四日ごろ）と二〜六センチの時期だ。この時期近くに低温が襲来する情報があった場合は、できるだけ深く田んぼに水をはる。水温によって茎の基部、幼穂近くの温度を多少なりとも温めるわけだ。決定的な対策とはならないが、障害が軽減されるとされている。畦畔の高さや用水環境もさまざまなので水位が自由になるわけではないが、できる範囲で対策しよう。

ただ、このような低温が来た場合でも、じっくり型で適期に穂肥を施用し、登熟を充実させることで収量はかなりカバーできるという研究結果もある（千葉農試）。

穂はいつ出るのか？ 幼穂観察のための解剖術

田植えが終わり、活着、そして分げつ開始から二カ月ぐらいたつと、イネは最高分げつ期を迎える。その後、葉色が淡くなり、無効分げつが枯れて、茎がスッキリしてくる。いよいよ出穂期が近づいてくる。

穂が出る三五日前 茎の中にあかちゃん誕生

穂は、茎の先端にいきなりできるわけではない。出穂期の三五～三二日前、茎の中の下部で幼穂（イネ穂のあかちゃん）ができる。それが始まりである。葉や分げつが増える栄養成長期から、穂を育てる生殖成長期にいよいよ移行するわけだ。それとほぼ同時に、茎が急速に伸びだし、イネが急に上に向かって大きくなりだしたように見える。実はこのとき、イネは茎の下位の節（第五節間）から順番に伸びていく。第五節間→第四節間→第三節間と伸び、出穂するときに第二節間、第一節間（穂首節間）が伸びる。

前述したように第五節間～第三節間が下位節間と呼ばれ、ここが伸びると倒伏しやすくなる。だから、この下位節間が伸び始まる時期に追肥をすると倒伏を招くことになる。穂肥で悩むのは、そのせいなのだ。

●節間伸長を終了した時期の模式図

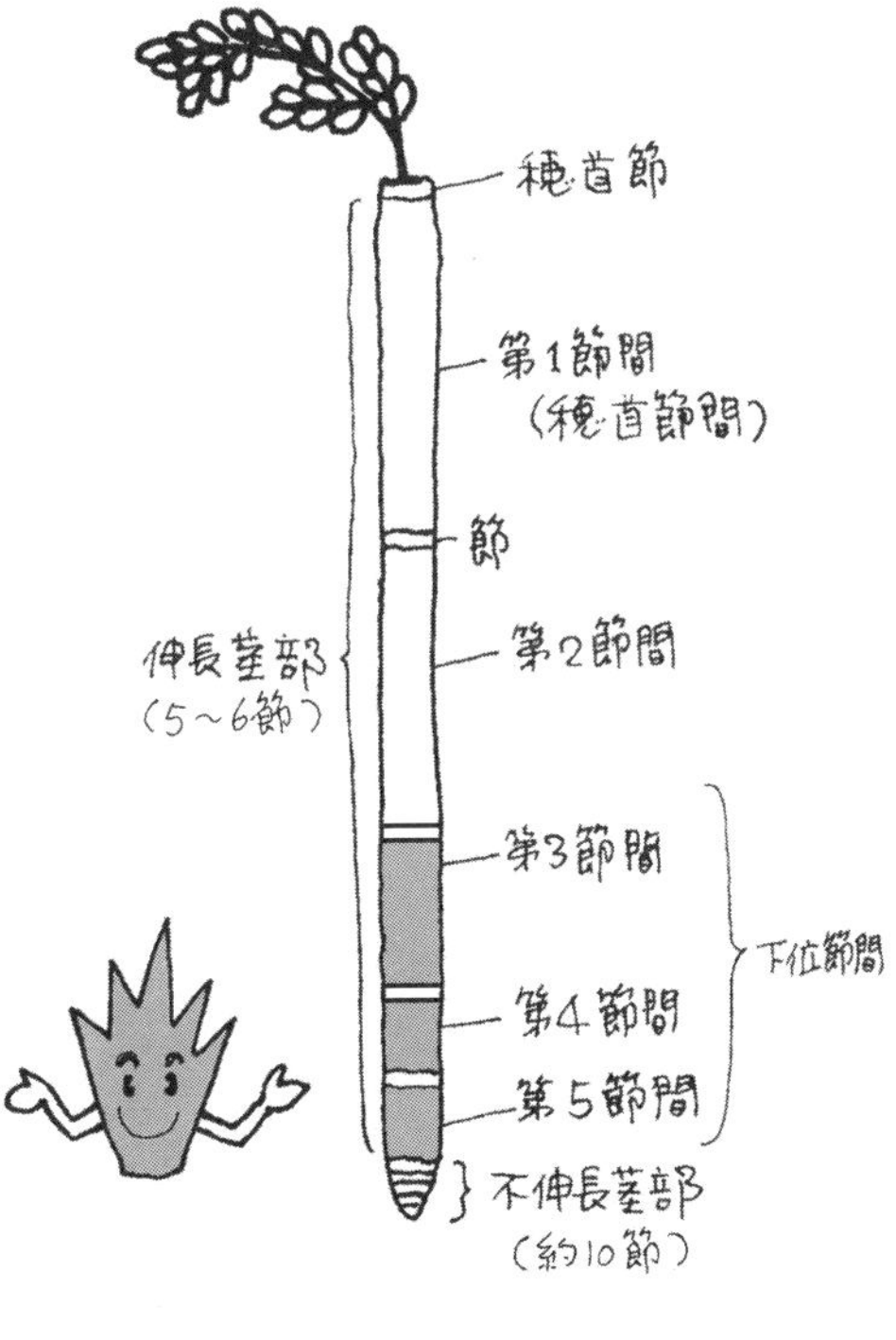

●幼穂長は茎の基部を削って測る

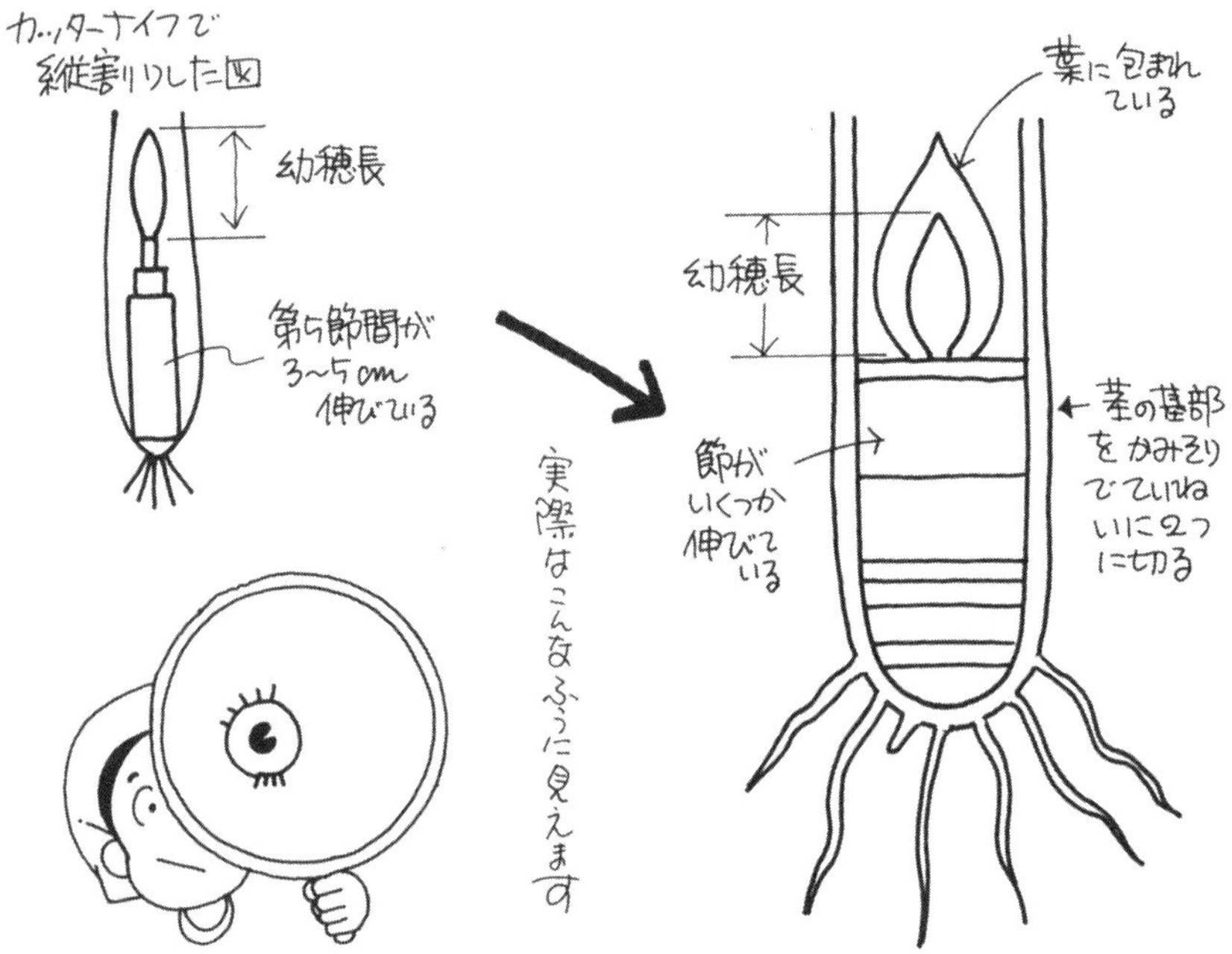

品種	出穂前日数 日	幼穂長 mm
月の光（晩生種）	30	0.1
	25	0.5
	20	3.0
	15	18.9
	10	90.3
	5	195.7

品種	出穂前日数 日	幼穂長 mm
コシヒカリ（中生種）	30	0.2
	25	0.8
	20	3.6
	15	17.2
	10	72.9
	5	187.3

幼穂は茎の中で成長中

次に幼穂の生育過程を見てみよう。出穂期の二五日前までは肉眼では確認しにくい。それより後になると一ミリ以上になるので、肉眼で確認できる。

なぜ私が幼穂の観察をすすめるかというと、茎の中で成長している幼穂を観察することで、そのイネの出穂期が予測できるからだ。その結果をもとにして、最も適切な時期に穂肥を打つことができる。

その観察の方法は、次のように行なうと簡単だ。

田んぼの中の平均的な生育の株を選び、そこから太い茎（親茎）を抜いてきて、カミソリで茎の基部をていねいに半分に削ってみる。その断面に見える幼穂の長さ（幼穂長）を測るのである（上図）。

●出穂期の見方！

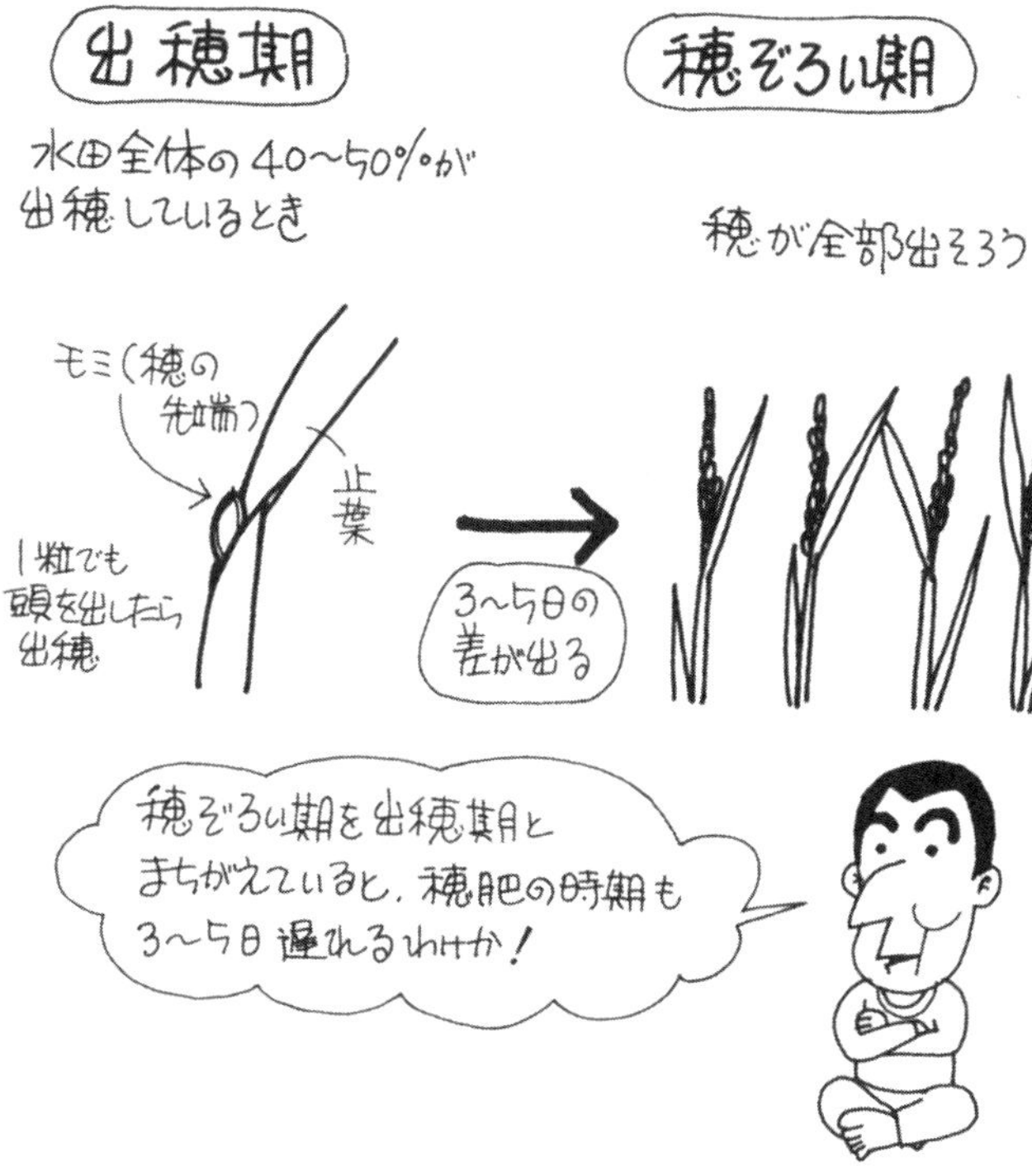

幼穂の長さが一ミリでおおよそ出穂期の二五～二六日前、二ミリで二二～二三日前になる。表は、栃木県での出穂前日数と幼穂長の関係を調べたデータを示した。

幼穂が小さい時期に追肥をやると、最終的な穂が長くなり、追肥が遅くなったり栄養が不足したりすると、穂が短くなる。

出穂期は田んぼの半分くらいが穂を出した時期

出穂期の定義も示しておく。出穂期とは、田んぼの全部の穂の半分ぐらいが止葉から抽出した状態をいう。穂が出そろった穂ぞろい期を出穂期と勘違いしている人もいるが、それだと三～五日遅くなってしまい、「出穂前○○日」という情報がかなり違ってしまう。

穂肥時期だけは自分の目で診断しよう

生育診断と聞くとむずかしそうに思える。診断のやり方はピンからキリまであって、厳密に考えると確かにむずかしい。ここではもちろん簡単な方法を紹介する。

じっくりイナ作ではむずかしいイネの調査を注文しないが、倒さずに一俵増収するためには、穂肥時期だけはイネを見て自分で判断したい。

そのためのイネの調べ方を以下に述べるが、そんなに面倒な方法ではなく、また何回かやっているうちに、調べなくてもイネの生育を判断できるようになるものである。それに多少判断が違っていても、じっくり型の生育ならば大きな失敗にはつながらない。

早植えのイネは、七月上～中旬になると葉色が淡くなる。この時期に葉色が濃いと、下位節間（71ページ参照）が伸び倒伏しやすくなる。葉色が淡くなったこの時期に施用する穂肥は、穂を大きくし（一穂モミ数増）、登熟を向上させる。葉鞘や葉身に栄養が送られると、光合成が活発になるとともに、倒伏に強くなる。穂肥の施用適期は、品種によって異なる。

二つの生育診断法

穂肥時期を判断するための生育診断は、大きく分けて二つある。一つは、いつ出穂するかという出穂期の予測である。出穂期の予測は穂肥をいつやるかを決定するために大切だ。もう一つは生育量の診断で、今年のイネはモミ数が不足するのか、倒伏しやすいのかの判断である。

穂肥の時期と効果

こうした診断がなぜ必要かというと、出穂前のいつの時点で穂肥をやるかによって、その効果が違ってくるからである。

左図が、穂肥の時期とその効果をまとめたものだ。穂肥を早くやれば、穂は大きくなるが、稈が伸びたり穂数が多くなって倒伏しやすくなる。逆に穂肥の時期が遅くなるほど倒伏はしにくくなるが、穂を大きくする効果が出にくいという関係がある。そのため穂肥時期を決めるには、出穂期の予測と生

●穂肥の時期を変えるだけでこんな効果

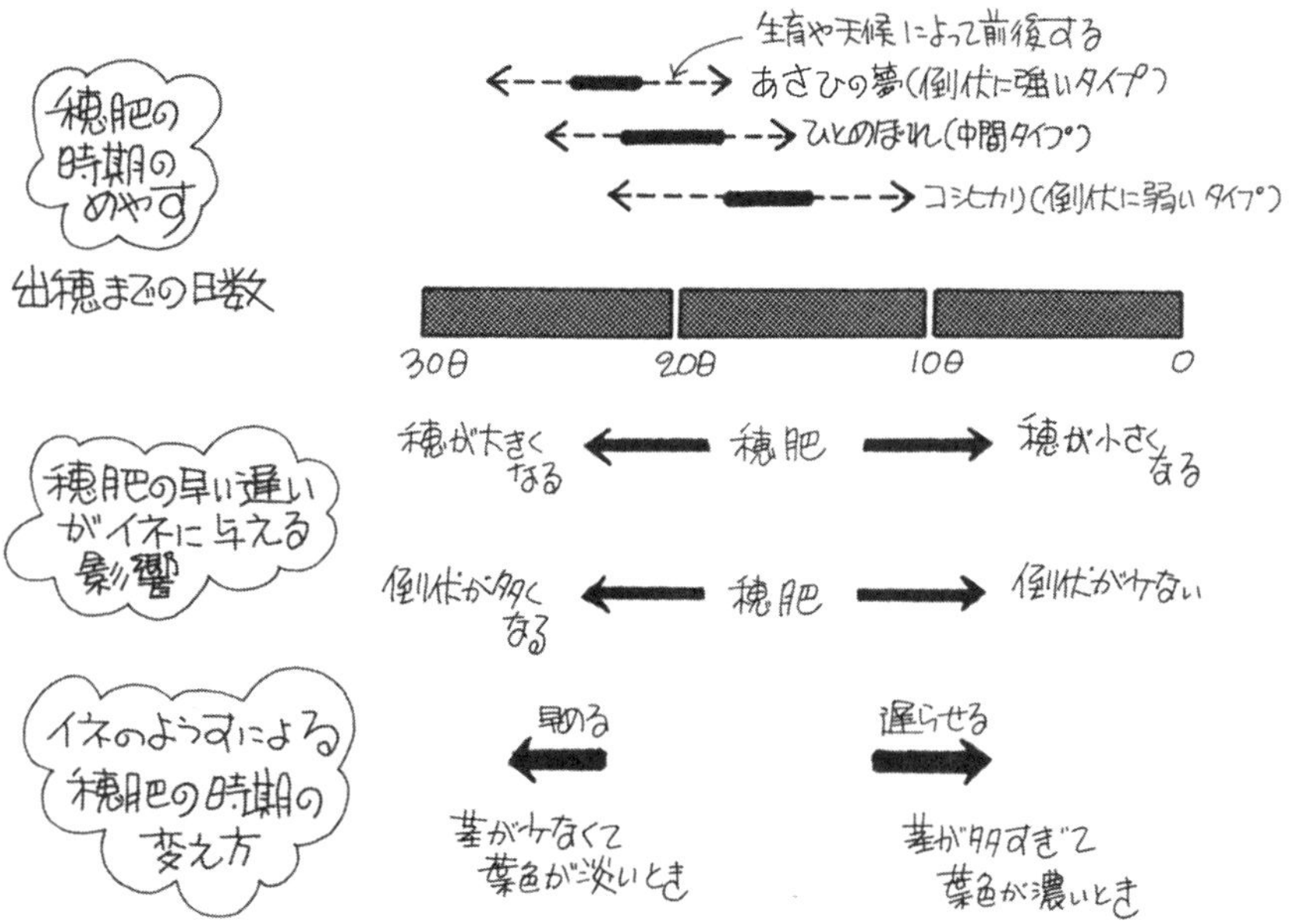

育量の診断が必要になるのである。

これらの診断はいつやるのか。穂が出る一カ月前ごろにはそろそろ見当をつけたい。さらに穂肥を施用する時期まで、しっかりとイネをながめてみよう。

出穂期の予測法

出穂期を予測するためには、まず天気を読む。簡単に言えば、田植え後の天候が良ければ出穂期は早まり、悪ければ遅れる。出穂期の変動はそう大きいものではない。平年の出穂期プラスマイナス七日の範囲と考えてよい。したがって天気が良かったならば二〜三日早まる。少し天気が悪かったならば二〜三日遅れると判断してもそう大きな違いはない。ただし、温暖化の影響で七日から一〇日も早まる年も最近は出現している。大変な気候変動である。各県とも出穂期の予測情報を普及所などを通じて出しているので、それらに気をつけていればよい。

田植え後の天候がよく、葉色が早くから淡くなっている年は、比較的大きく出穂期が早まると見られる。生育中期に早くから葉色が淡くなってくると、最終葉数が一枚少なくなってしまうことがある。通常の止葉（最後の葉）が出てこず、一枚下の葉が止葉になってしまう現象だ。それだけでも三日程度出穂期が早まってしまう。普及所からの情報は地域の平均的な予測なので、自分の田んぼについてはさらに幼穂の伸長ぐあいを調べてみる（調べ方は72ページ）。

生育量のつかみ方

イネの生育量を診断するには、まず出穂期の三五～四〇日前の姿を見てみよう。じっくりイナ作では、この時期に葉色が淡くなり始める。茎数は（小さな茎を含め）おおよそ目標とする穂数の三～五割多い程度で、株はスッキリしており、葉は立っている。畦間もかなり遠くまで見通せる。

それに対し、葉がなびいていたり、葉色がなかなか淡くならないイネは生育量が多すぎ、コシヒカリなどでは倒伏のおそれがある。

次に出穂三〇日前ごろに、茎数を数えてみよう。平方メートル当たり二〇株植えで、一株が二五本ならば、平方メートル当たり茎数は二〇×二五＝五〇〇本になる。この場合太い茎だけでなく、細い茎も含めて数えること（63ページ参照）。平均的な株を数株選んで数えてみれば、おおよその判断ができる。細い茎を含めて、目標とする穂数の三～五割多い状態ならば、適正な生育をしているとみられる。

さらにこの時期には葉色も見てみよう。富士平工業から水稲用葉色板が出ており、値段も安いのでぜひ一枚用意してほしい。この葉色板は、一（淡い）～七（濃い）の七段階に区分されている。太陽を背にして、一番上の展開している葉の中央を（現在展開中の葉の下の葉）、葉色板から一～二センチ離して見るとわかりやすい。四と五

●葉色の見方（富士平の葉色板）

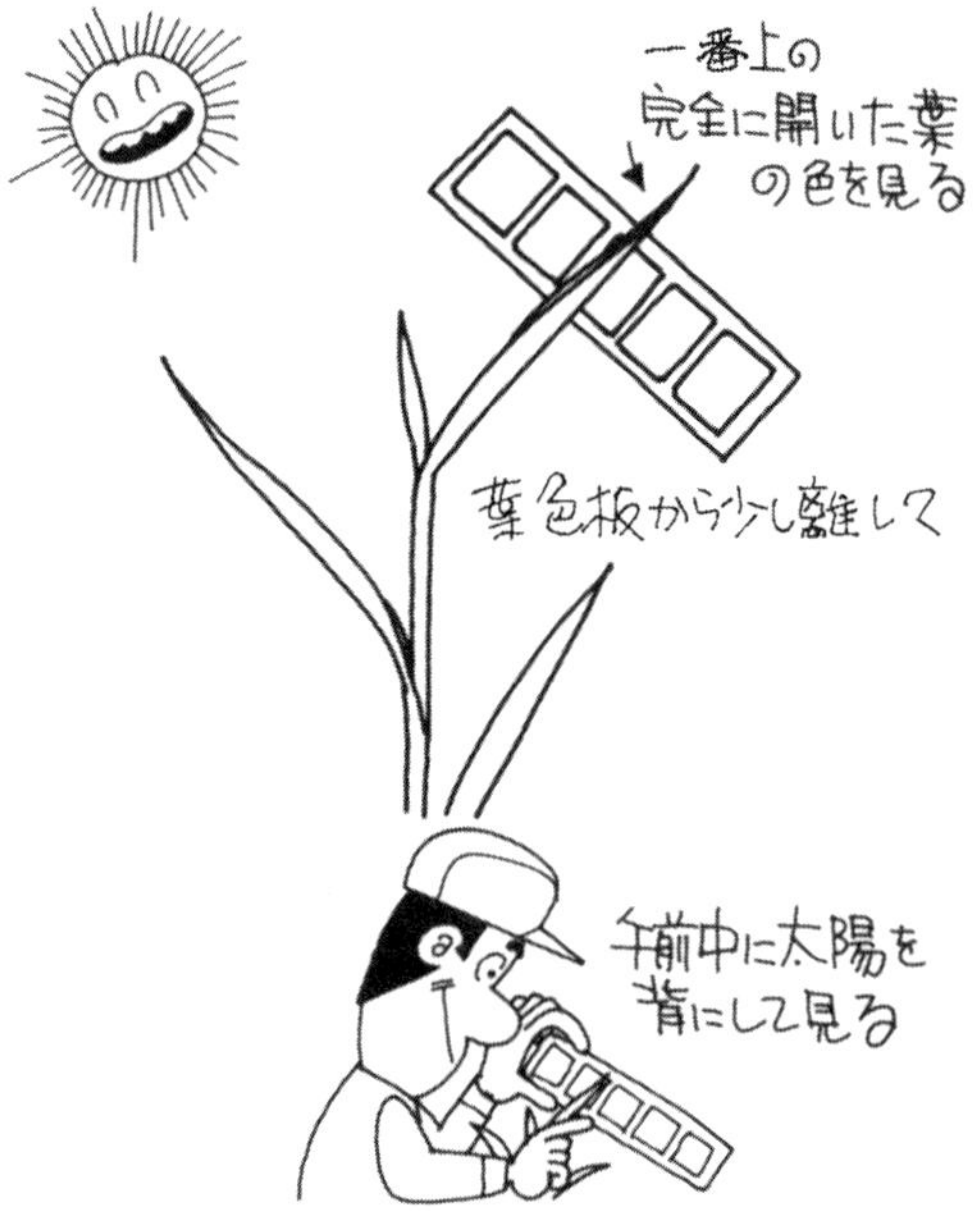
一番上の
完全に開いた葉
の色を見る
葉色板から少し離して
午前中に太陽を
背にして見る

●コシヒカリの生育診断指標

※グラフは生育診断値（葉色×茎数値）の適正値の推移

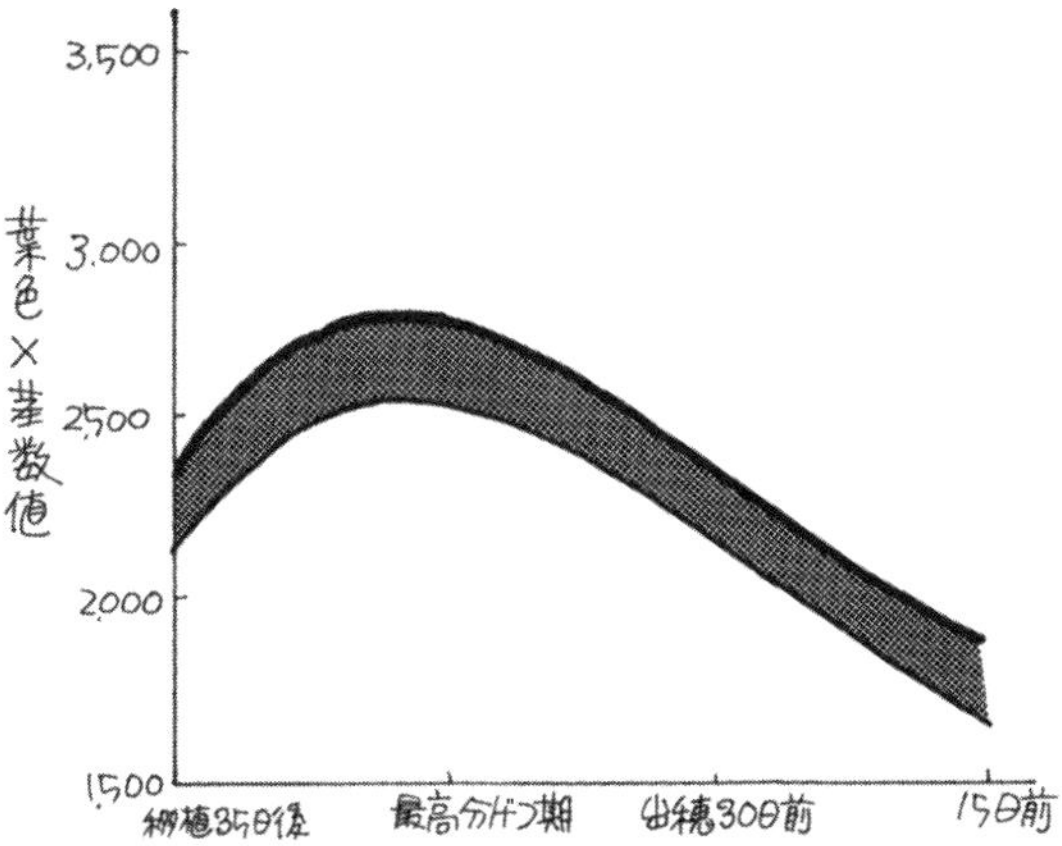

栽植密度20株/m² （　）内は冷涼な地帯

生育時期	茎数本/m²	葉色	葉色×茎数値
移植35日後	450～520 （400～450）	5.0～5.2	2,300～2,700 （2,100～2,400）
最高分げつ期	550～580 （510～550）	4.8～5.0	2,600～2,900 （2,400～2,700）
出穂30日前	520～560 （500～520）	4.3～4.6	2,200～2,500 （2,100～2,400）
出穂15日前	430～460	3.8～4.2	1,600～1,900

の中間の濃さに見えたら四・五とみる。田んぼ全体、群落を見る方法もあるが、天気やどこを見るかで違いが出やすく、私は単葉を数枚見るほうがよいと思っている。

　この時期には、品種によって多少違いはあるが、葉色が四〜四・五程度であればよい。もともと葉色の濃い品種や、倒伏に強い品種は四・五程度が目安だ。コシヒカリのように倒伏に弱い品種は、穂肥時期ごろの葉色も重要であり、葉色板の単葉で四・〇程度が適正な値だ。四・〇以下になればしっかり穂肥を活用できる。

　同じ施肥で、茎数が多ければ葉色は淡くなるし、茎数が少なければ葉色は濃くなる。その意味では、葉色×茎数（平方メートル当たり）値で診断するのが本来ならば望ましい。栃木県ではコシヒカリの診断を生育途中の主要時期の葉色×茎数値で行なっている。上の表にその値を示したので参考にしてほしい。

生育量が足りない場合はどうするか。確かにモミ数が不足する心配があるが、決してあわててつなぎ肥などは施用しない。適正範囲に入っているのが良いに決まっているが、それは来年の基肥の時期に考えればよい。今年は、その後の穂肥時期を早めることで対応できる。そこがじっくり型の良いところでもあるし、つなぎ肥は草姿を乱してしまうし、穂肥の効果を落としてしまう。

天気パターンによる簡単生育予測法

田植えをしてから穂肥をやるまでの時期を二つに分けてみる。たとえば、五月上旬に植えて、七月中旬に穂肥をやるとして、その間約七〇日、これを二つに分けると三五日ずつとなる。前半と後半の天気をおおざっぱに「良い」、「ふつう」、「悪い」と整理してみる。図のように、梅雨入り前と梅雨入り後と分けてもよい。

梅雨入り前は例年に比べて晴れた暖かい日が多かったかどうか、今年の梅雨は梅雨らしい梅雨だったかどうかを振り返って、良かった、悪かったと分けてみる。これと以下に述べるイネの生育パターンの関係から対策を考えると便利だ。前半も後半もふつうならば、出穂期も平年並みで穂肥時期もふつ

●天候パターンで穂肥の判断

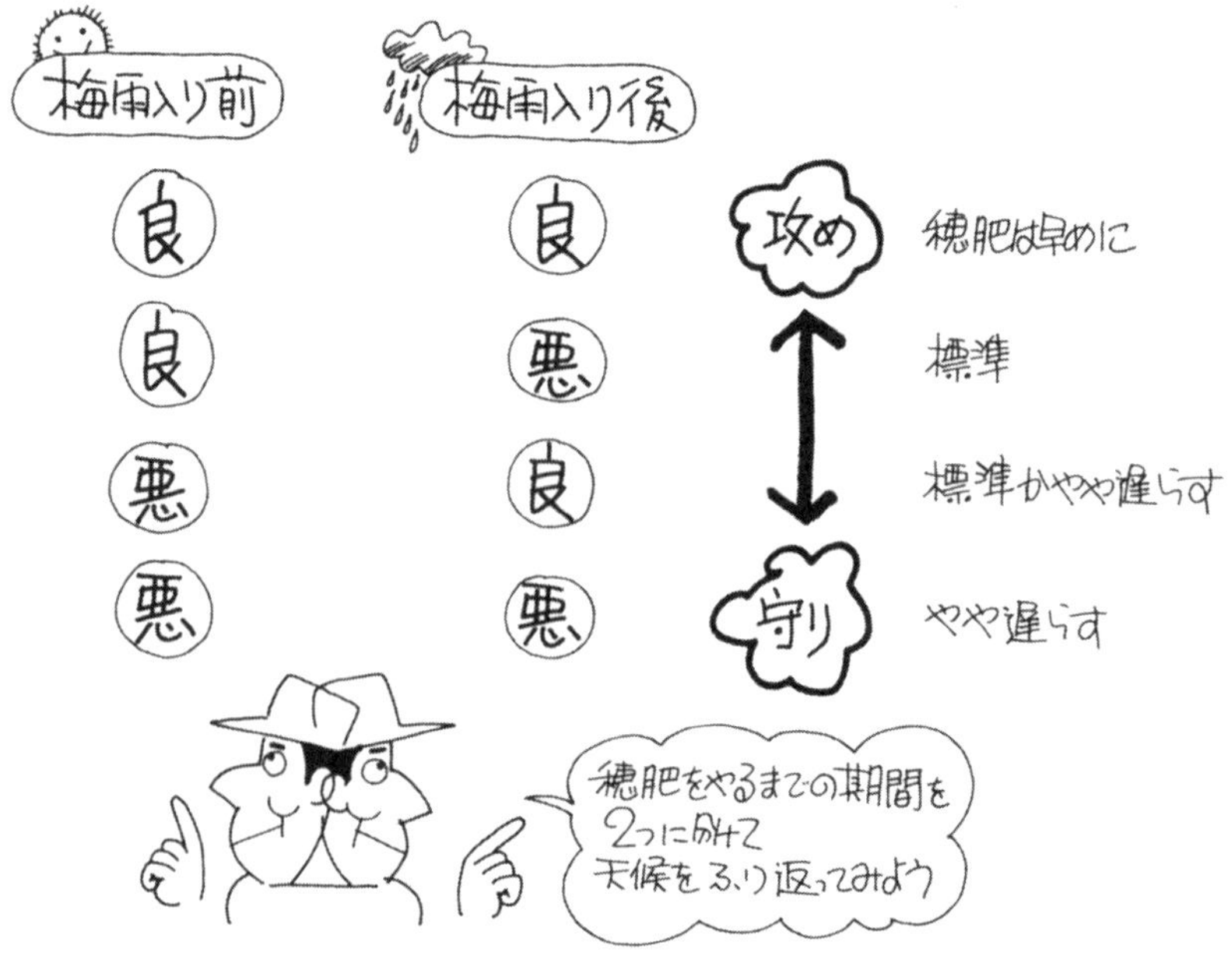

うになるわけだ。

①「前半―後半」が、「良い―良い」のときは、出穂期は早まり、早めに分げつが確保されるが、葉色の落ちが早く、最終的な穂数はさほど多くならない。しかし穂肥を早めに施用することによって面積当たりのモミ数は十分確保でき、倒伏も軽く収量も向上する。

②「前半―後半」が、「良い―悪い」のときは、出穂期は少し早まるか平年並みとなる。中間でもチッソ切れも少ないため、穂は自然と大きくなる。穂肥の時期は標準で、生育によってはやや遅らす。

③「前半―後半」が、「悪い―良い」のときは、初期の分げつ発生が遅れ、その分、遅れて小さい分げつが多く出てくる。最高分げつ期も遅れ茎もやや細めだが、後半の天候によって葉色は落ちてくる。出穂期は平年並みかやや遅れる。穂肥時期は、標準か生育によってやや遅らす。

④「前半―後半」が、「悪い―悪い」のときは、分げつ発生が遅れ、後半に発生してくるため茎が細くなりがちだ。穂は比較的大きくなるが、倒伏の心配も出てくる。出穂期は遅くなり、穂肥時期もやや遅らせる。守りの年だが、守りの年なりに平年並みの収量を目標にする。

生育に応じた穂肥のやり方

穂肥も三つの品種タイプ別に

基肥チッソのところで、A、B、Cの三つの品種タイプについて基肥量を分けたが、同じタイプ分けが穂肥時期にも当てはまる。タイプ別の穂肥時期の目安と目標となる平方メートル当たりの総モミ数と一〇アール当たりの収量の目安は、下の表のようになる。

穂肥をNK化成でやる場合が多いが、最近は一発穂肥（84ページ）もかなり普及してきた。まずNK化成で説明する。量はチッソ成分で二～三キロを目安とする。AとBタイプは三キロを施用できる。それ以上の穂肥は草の姿を乱したり、病気を招いたりするのであまり好ましくない。また、出穂後まで

品種タイプ別の穂肥時期と目標収量

Aタイプ（あさひの夢）	穂肥時期、出穂前23日ごろ 総モミ数36,000～40,000/m^2 （品種によっては42,000/m^2） 目標収量660～720kg/10a
Bタイプ（ひとめぼれ）	穂肥時期、出穂前20日ごろ 総モミ数34,000～38,000/m^2 目標収量600～660kg/10a
Cタイプ（コシヒカリ）	穂肥時期、出穂前15～18日 総モミ数33,000～36,000/m^2 目標収量600kg/10a

チッソを多く持ち越すと品質低下を起こしかねない。Aタイプの品種では、穂肥を施用してから二〇日程度たつと葉色が淡くなってくることがある。その場合にはさらに二回目の穂肥を施用する。

じっくり型イネづくりでは穂数はやや少なめだが、一穂モミ数を多くして安定収量を上げる栽培法であり、この穂肥時期の決定がとくに重要になる。先に述べた出穂期の予測法で、適期をきちんとつかむようにしたい。農家では穂肥時期が遅れることがよくある。

●穂肥時期の判断

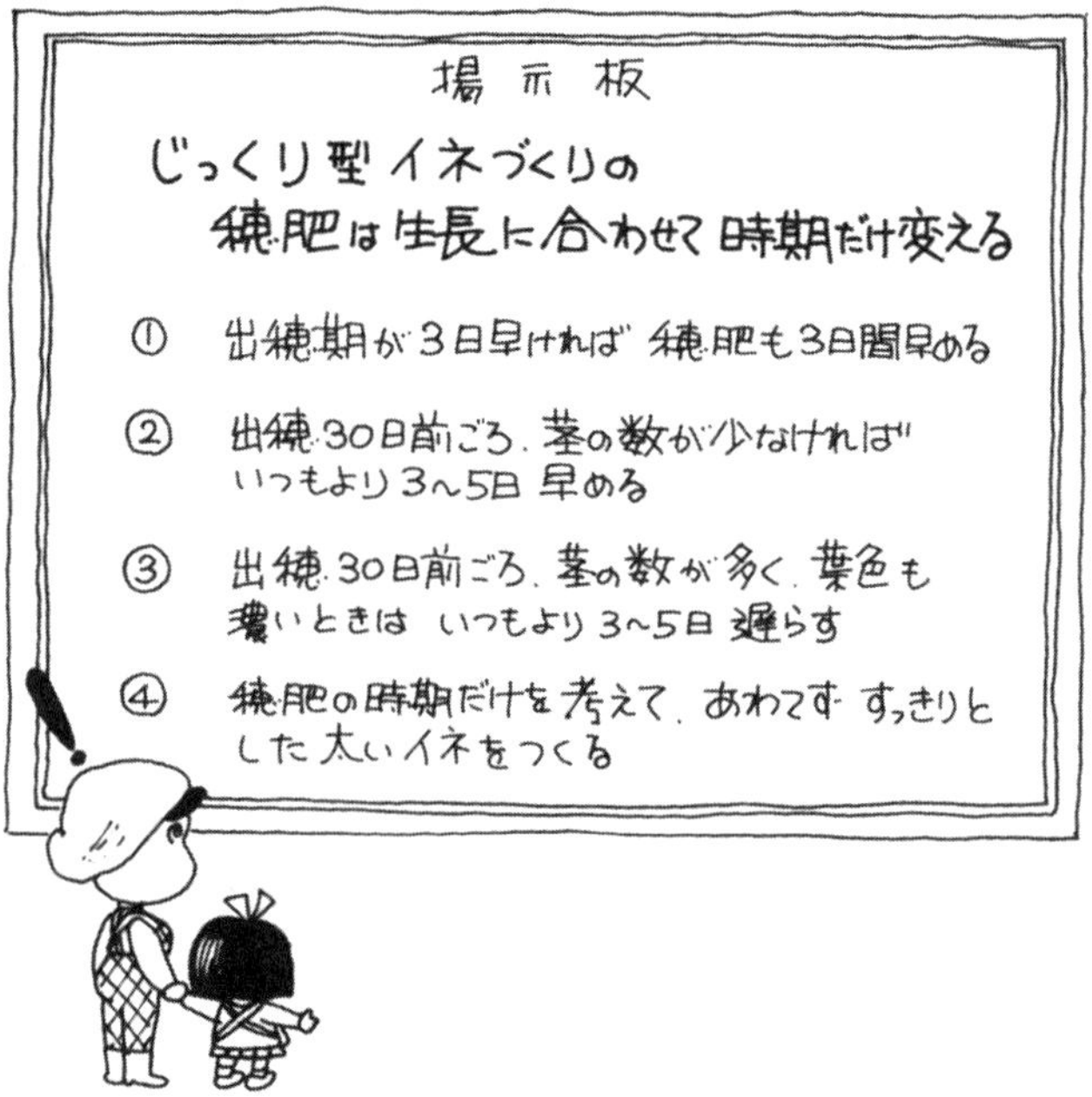

掲示板
じっくり型イネづくりの
穂肥は生長に合わせて時期だけ変える
① 出穂期が3日早ければ 穂肥も3日間早める
② 出穂30日前ごろ、茎の数が少なければ いつもより3～5日早める
③ 出穂30日前ごろ、茎の数が多く、葉色も濃いときは いつもより3～5日遅らす
④ 穂肥の時期だけを考えて、あわてず すっきりとした太いイネをつくる

つなぎ肥はやらず、穂肥時期で調整

じっくりイナ作では、つなぎ肥は施用しない。生育中期は間断かん水でじっくりと茎を確保するだけで、いわばなにもしない。そのかわり、この穂肥時期をイネの生育に応じて適期を判断して決め、穂を大きくする。

出穂期が動けば当然、それに合わせて穂肥時期を動かす。出穂期が三日早まれば、穂肥も三日早く施用する。それと、生育量によってさらに前後させる。出穂前三〇日ごろに、茎数が目標とする穂数の三～五割増以下で、葉色が淡い場合は、モミ数が不足するので、目安穂肥時期よりさらに三～五日早める。逆に茎数が多くて葉色がさめてこない場合は、目安の穂肥時期より三～五日遅らす。イネの生育によってこのように穂肥時期を変えることで、十分対応できるのだ。したがって生育中期はあわてずに、スッキリとした太い茎をつくるように心がけていればよい。

じっくり型では穂肥時期を動かすだけで、穂肥量は基本的に変えない。よく生育量が大きいと穂肥時期だけでなく、量も控えてしまって、倒伏はしないが秋落ち的なイネにしてしまう。イネの一生を通じたチッソ吸収量は、平方メートル当たり一三～一六グラムは必要だ。その三分の一以上は、出穂期前から成熟期の間に吸収する必要がある。じっくり型の場合、基肥でチッソを控えているので、収量を上げるには必要なチッソを施用することが求められる。

ただし、基肥チッソ量が多かったり、間断かん水が遅れたりして、じっくり型のイネにならず生育過剰なイネの場合は、穂肥量を半分に減らしたり、穂肥を省略したりする場合もある。

Cタイプに属するコシヒカリでは、穂肥時期が倒伏との関連でも重要だ。穂肥をやるころ（出穂前一八～一五日）のイネの葉色が葉色板で三・五以下で、穂になりそうな太い茎の数が一株一八本以下の場合には、出穂前一八日ごろに穂肥を施用する。葉色が四・〇前後で太い茎の数が一八～二〇本の場合は、出穂前一五日ごろに施用する。葉色が四・二以上で太い茎が二〇本以上ありそうな場合は、出穂前一〇日ごろを穂肥の施用時期とする。

タバコで調べる　人差し指で調べる

出穂前日数と幼穂長との関係は述べたが（72ページの表）、数字を覚えておいて田んぼで診断するのはなかなかむずかしい。そこでその数字を参考に、普及員さん（塩山房男氏）が考案したのが、タバコによる穂肥時期の診断法だ。次ページの図に示したように、幼穂の長さがタバコの直径（約八ミリ）だったら出穂一八日前ごろ、タバコのフィルターの長さ（約二〇ミリ）だったら出穂一五日前ごろ、タバコの長さ（約八センチ）だったら出穂一〇日前ごろと見られる。

最近はタバコを吸う人も減ったので、タバコのかわりに自分の人差し指も使える。幼穂長が爪の幅ならば出穂一八日前ごろ、第一関節の長さなら出穂一五日前ごろ、指の長さならば出穂一〇日前ごろとなる。人差し指の長さはもちろん個人差があるが、おおむねの目安として使える。

出穂一五日前と一〇日前ではたった五日の違いだが、倒伏に及ぼす影響は、次ページ下の図に示したようにかなり違う。五日遅らせるだけで上位節間を中心に短くなり、生育量の多いイネでも倒伏はかなり避けられる。

よくいわれることだが、出穂一五日前と判断しても、その後の天候によって実際の出穂期までの日数は変動するので、結果的には一八日前などとなってしまうのではないかという疑問だ。しかし、そのときのイネの姿が出穂一

●タバコや人差し指でわかる穂肥の適期

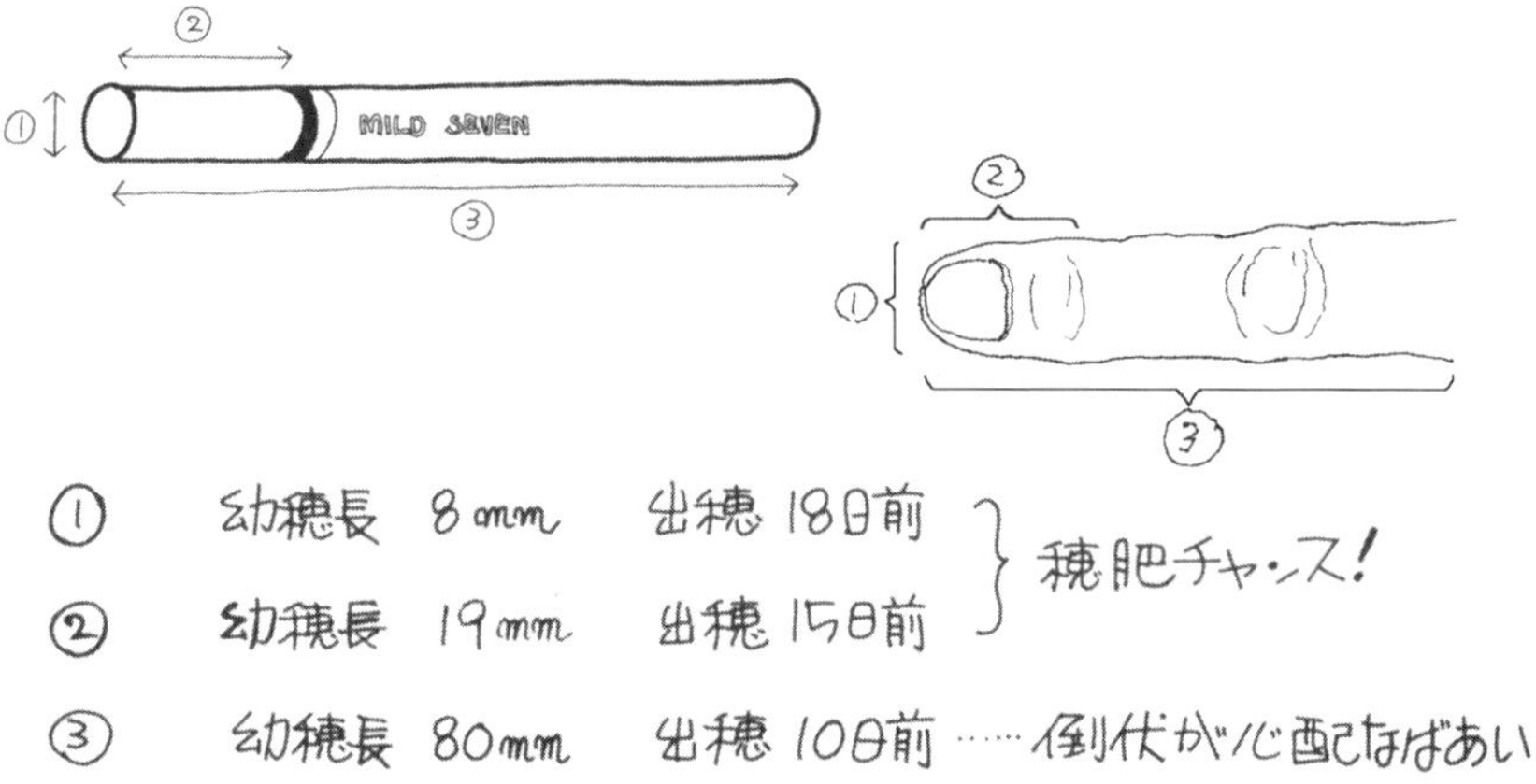

五日前の状態だったのだから、その後の天候で一五日分が長くなったり短くなったりすることは気にしなくてもよい。

この簡易診断法は、慣れてくれば簡単に短時間でできる。その時期にざっと水田を一回りしてくれば、複合農家、大規模農家でも穂肥の施用計画を立てることができる。

●穂肥の時期と倒伏の関係

（コシヒカリ、2カ年平均）

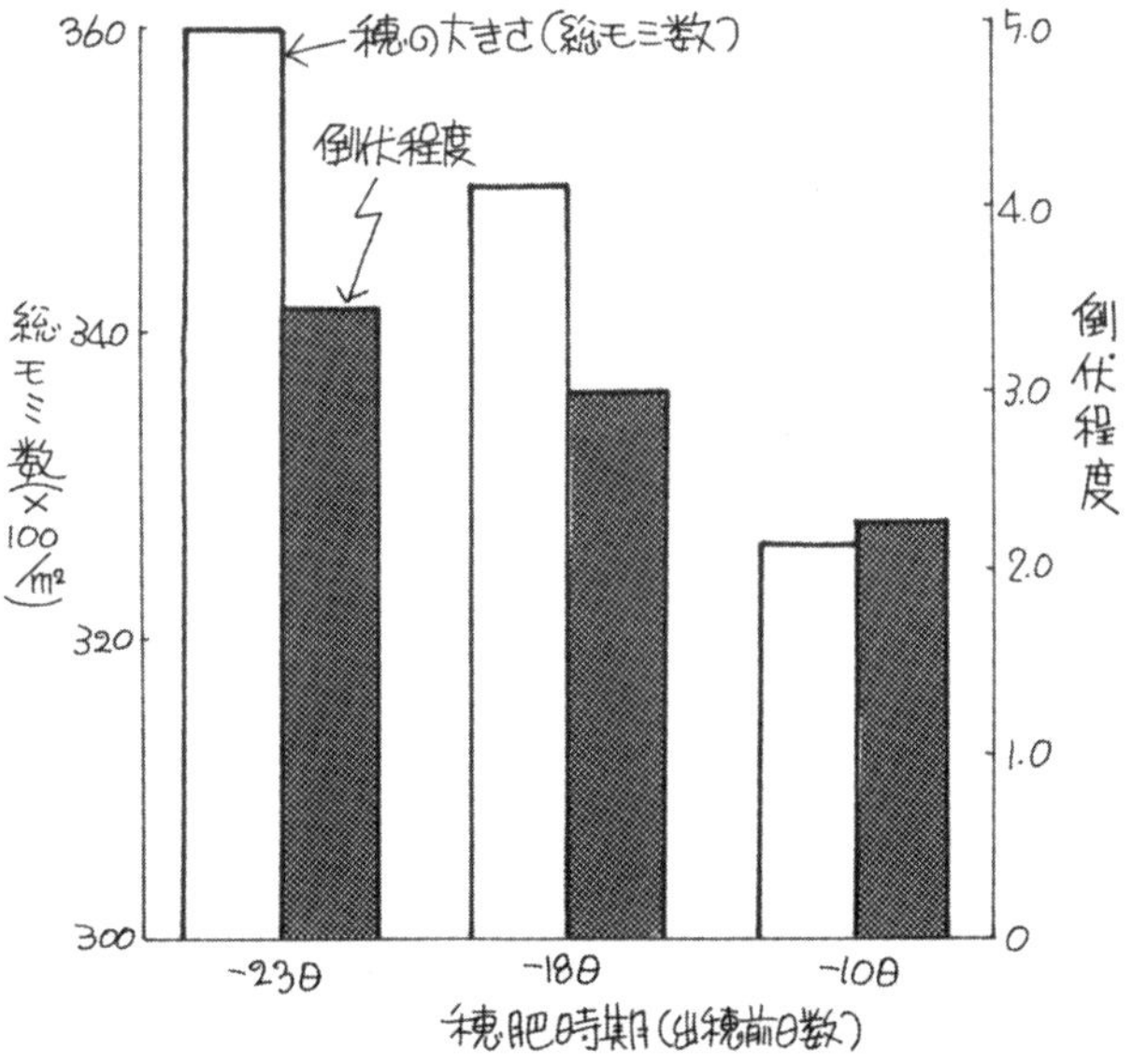

カリ追肥と倒伏軽減剤は応急処置

カリの中間施用が倒伏を軽くするといわれている。しかしカリは田んぼに十分ある場合が多い。必要なのはCタイプの品種だけだろう。また地力の高い半湿田～湿田では、基肥を減らしても倒伏しやすい田んぼもあるので、ケイ酸カリや単肥でカリの成分が一〇アール当たり五～六キロになるように、出穂の四〇～五〇日前に施用する。

市販されている倒伏軽減剤は出穂期の一五日前ごろに処理するもの（スマレクト、ロミカなど）や出穂七日前ごろ（走り穂が出るころ）に処理するもの（ビビフル）があるが、じっくりイナ作では基本的には必要ない。

穂肥の時期に茎数が多くて、茎が細く、葉色が濃い場合に、それぞれの時期に使えるものを応急手当的に使うだけと考える。倒伏軽減剤は処理時期を間違えると（早く処理しすぎると）穂が小さくなってしまうので、注意が必要だ。また土壌によっては、粒剤の効果が落ちる場合もある。あくまで応急処置として使うことである。

穂ぞろい期追肥を再評価したほうがいい

じっくりイナ作では、穂ぞろい期追肥（実肥とも呼ぶ）が効果がある。食味が重視されるようになって、穂ぞろい期追肥は毛嫌いされるようになった。しかし、出穂後のイネの機能を高め、登熟を向上させる。

さらに、よく「イネが倒れるのでは？」と勘違いされるのだが、実はその反対で、倒伏に対して強くなる。デンプンをつくる葉が生きているだけでなく、穂ぞろい期追肥によって葉鞘がながく生きており、その葉鞘が茎を支える働きをする。

穂肥も含めてまったく施用しないと倒伏は軽いが、穂肥を施用した場合は、穂ぞろい期追肥を施用したほうが、しない場合より確実に倒伏が軽くなる。それによってさらに登熟を向上させる。

倒伏したイネを見ると、穂数が多かったり早く穂肥をやりすぎて倒伏しているのではなく、収穫間ぎわに葉が枯れ上がり秋落ち的に倒伏している場合も多い。穂が出て一カ月後ぐらいのときに青い葉が一～二枚しかないときは（ふつうは三枚ある）、明らかに出穂後の栄養（チッソ）不足である。

穂ぞろい期追肥の施用量の目安は、チッソ成分で二キロ程度である。穂ぞろい期追肥のイネが利用する利用効率は低いのでもっと施肥量を多くしてもよいのではという意見もあるが、穂肥の持ち越し分もあり、私は二キロで十分と考えている。この時期の多量のチッソ追肥は、青米を増やして品質を落としたり、食味を低下させる傾向があるので、無理は禁物だ。

コメの食味は、玄米中のチッソ濃度が低いほど良いといわれることが多いが、実際にはチッソが少なく、玄米が薄く充実していないコメは粘りがなく食味は良くない。ある程度のチッソ濃度があることで登熟が良くなり、玄米がまるまると肥大しているほうが食味が良い。しかし、基肥チッソが多いうえに、穂ぞろい期追肥が多いと、玄米は硬くなり粘りがなくなる。基肥チッソを控えて穂ぞろい期追肥を施用した場合は食味の低下は少ない。要は、基肥チッソ量と穂ぞろい期追肥のバランスである。ただし、穂ぞろい期追肥のチッソを四キロ以上施用した場合や、施用時期が出穂期後一〇日以降になると、登熟は高まらずチッソ含量だけが高まり食味が低下する。

穂ぞろい期追肥の施用時期は、穂ぞろい期だけに限定しない。大きくは二回目の穂肥と考えて、出穂期前五日～穂ぞろい期に施用する。穂ぞろい期だけに限定すると作業的に大変だ。出穂期前五日より前に施用すると穂肥とダブり、穂ぞろい期より遅くなると食味を低下させることがある。

省力的な一発穂肥の活用

コメはとりたいが追肥二回は無理……という人に

穂肥と穂ぞろい期追肥の二回の施肥を行なうのは、とくに暑い夏の時期にはきつい作業だ。野菜やムギ作をやっている複合農家、イネの受託を広くやっている大規模農家では収量が低下するのはわかっているが、追肥回数を減らしたり、省略している例が多い。

一方、コメの食味が重視され、追肥との関係では玄米中のチッソ濃度の低いコメが良いとされ、追肥を行なわない傾向も見られる。追肥を行なわなければ確かに玄米中のチッソ濃度は低下するが、収量も低下する。

私は、玄米中のチッソ濃度は一定の水準を超えなければ、それ以外の要因が食味を左右していると考えているが、いずれにしても収量を低下させずに玄米中のチッソ濃度を過度に上げない追肥技術が必要となっている。

そこで、追肥の省力化と収量性および食味の要求にあった肥料として、緩効性肥料を用いた一発穂肥用肥料が開発され、普及している。一発穂肥とは、穂肥＋穂ぞろい期追肥の従来の二回追肥を一回ですませ、それでいて収量は安定する穂肥用の肥料である。

栃木県で経済連と協力して製品化した一発穂肥用肥料は、チッソ分について速効性肥料と緩効性肥料（ＬＰ肥料）を両方含む肥料のことである。その割合は、速効性五〇パーセント、緩効性五〇パーセントで、一袋（二〇キロ）に速効性チッソが二キロ、緩効性が二キロ入っており、一〇アール当たり一袋が基本の施用量で、計算も大変やりやすくしてある。その他にカリが二キロ程度含まれている。

緩効性肥料のLP肥料はチッソ分を特殊な皮膜で包んであり、水に触れると徐々にチッソ分が溶け出してくる。その溶け出す速さは温度によって異なり、水温や地温が高いほど速く溶け出し、低いとより少しずつ溶け出してくる。

この特徴はイネにとっては好ましいもので、気温が高いとイネの生長、登熟速度も速くなるから、結果的にイネの生長、登熟に合わせてチッソが効くということになる。

一発穂肥用肥料はこのLP肥料と速効性肥料が混合してあるので、速効性部分が従来の穂肥の役割を果たし、LP肥料がゆっくりと効いてきてイネの登熟を支えると考えられる。その肥効の違いを、従来の速効性肥料の二回追肥と比較して上の模式図に示した。

このような一発穂肥用肥料は各県でも開発・普及されているので、それぞれの成分、特徴を把握してぜひ取り入れてほしい。

●穂肥のふり方３つのパターン

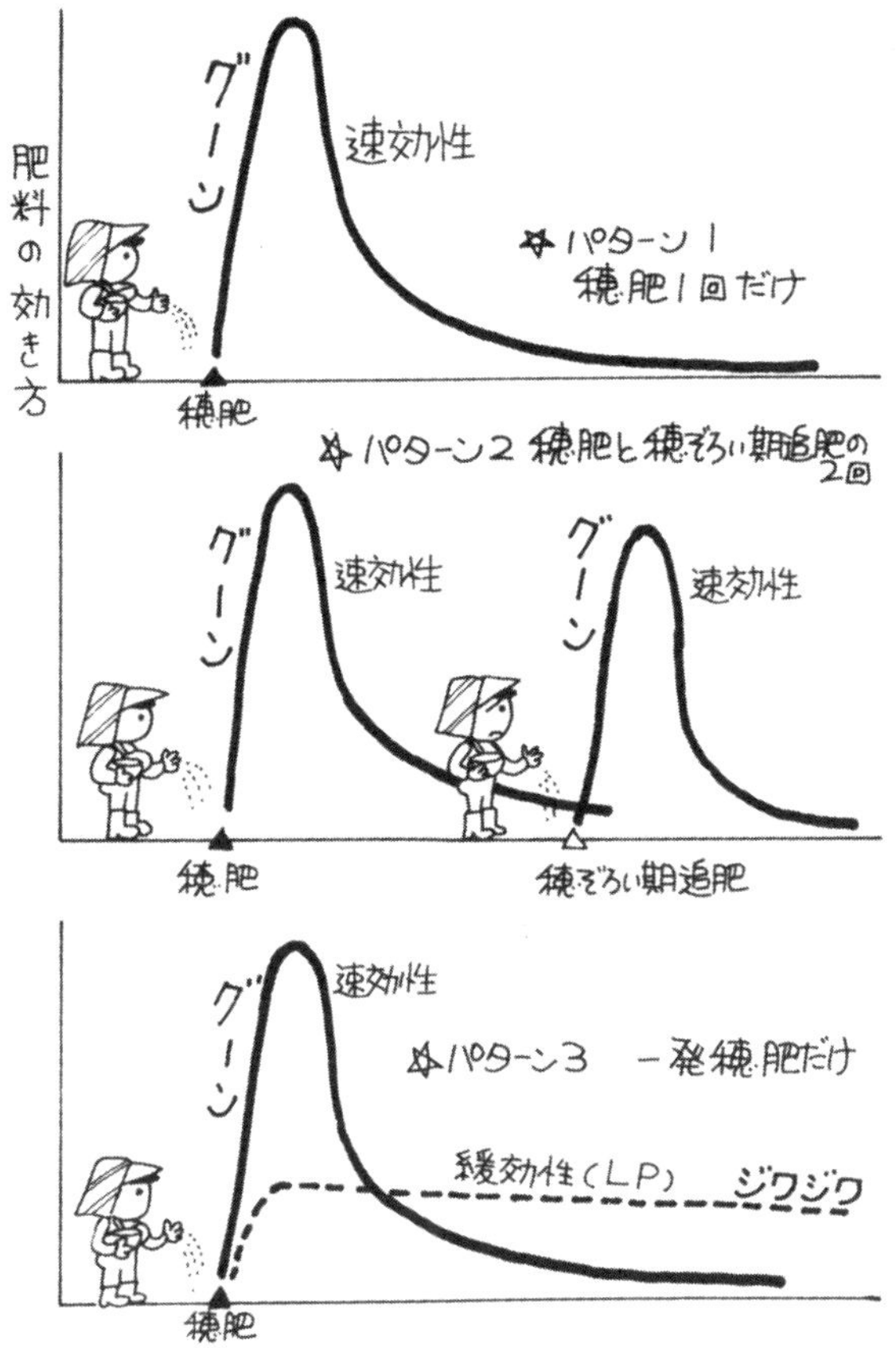

一発穂肥の効果は「二回追肥」に匹敵

良質米で倒伏に弱いコシヒカリに一

発穂肥を施用して、収量性と倒伏程度を検討してみた。従来の「穂肥だけ」、「穂肥＋穂ぞろい期追肥の二回追肥」と二カ年比較した結果を下の図に示した。収量は穂肥だけの一回追肥よりも高く、穂肥＋穂ぞろい期追肥の二回追肥と同等か近くなっており、玄米千粒重も二回追肥と同等になっている。倒伏は〇（無）～五（甚）で表示してあるが、一発穂肥区は中（なびき）でとどまっている。

倒伏についてよく誤解されているが、穂肥だけの追肥のほうが二回追肥よりも倒伏は大きい場合が多い。一発穂肥は二回追肥と同等に、穂肥のみよりも倒伏が軽くなった。

コメに対する食味の評価はだんだん厳しくなっており、同じコシヒカリでもよりおいしいものへの指向が強くなっている。単に産地の違いだけでなく、栽培法による違いも注目されている。われわれ栽培者としても、よりおいしいものを安定多収にすることを目標としていきたい。

食味のよしあしを評価するには、実際に食べてみるのがよいが、それ以外にもいろいろな化学的な指標で評価がされつつある。玄米中のチッソ濃度もその一つで、チッソ濃度が少ないほうがおいしいとされている。もちろんチッソ

●穂肥のやり方と収量・倒伏の関係

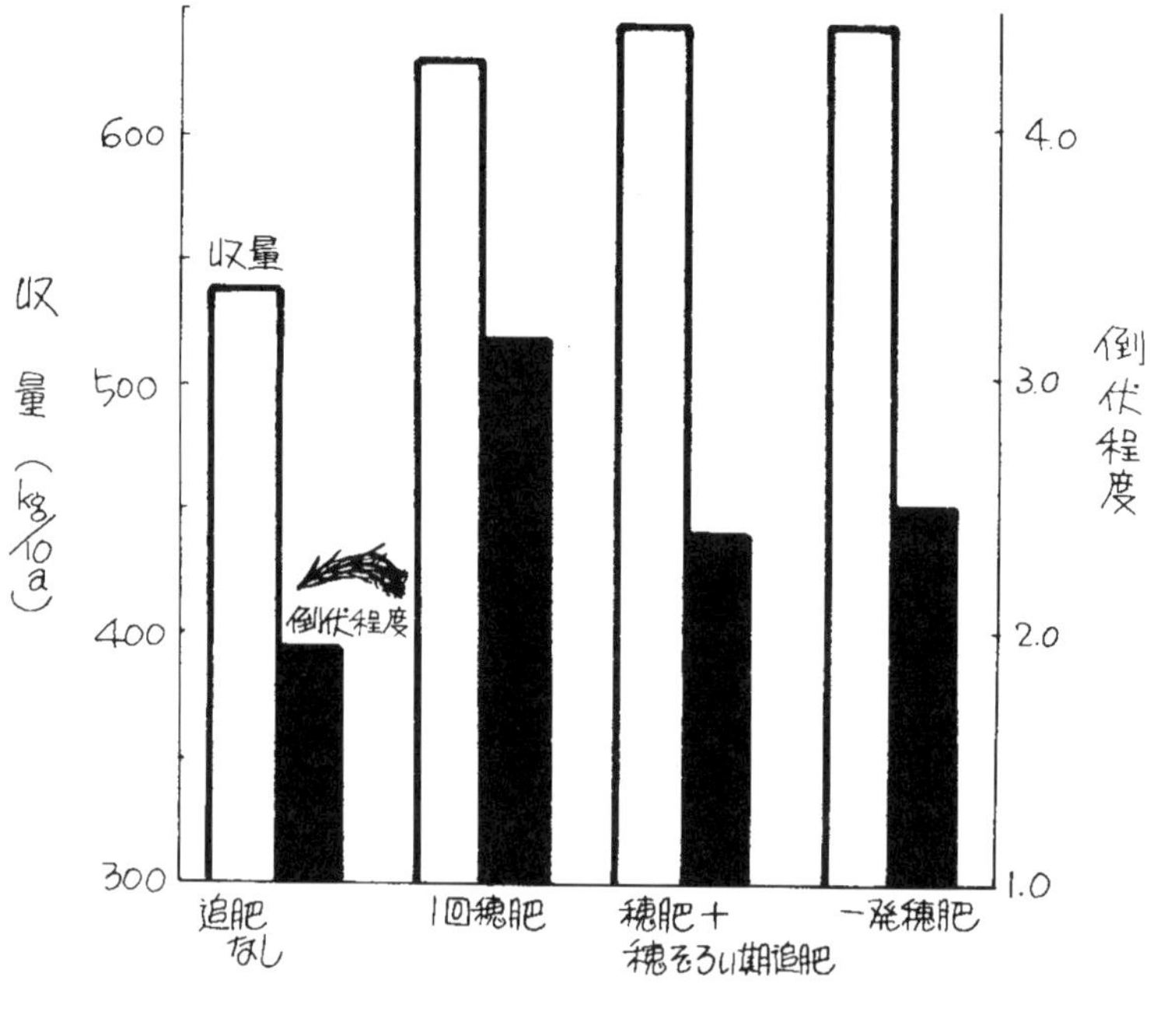

濃度だけで食味は決まらないが、この一発穂肥を施肥した玄米中のチッソ濃度を比較してみた（左図）。

　一発穂肥を施用したコメは、追肥なしのコメよりはもちろんチッソ濃度は高いが、二回追肥よりは明らかに低く、穂肥だけの一回追肥に近い濃度になっている。この数字から一発穂肥を施用したコメは二回追肥したコメより食味がよく、ほぼ穂肥だけの一回追肥と同等の食味と考えられる。実際に食べてみた試験でも同様の結果が出ている。

●穂肥のやり方と玄米中のチッソ濃度

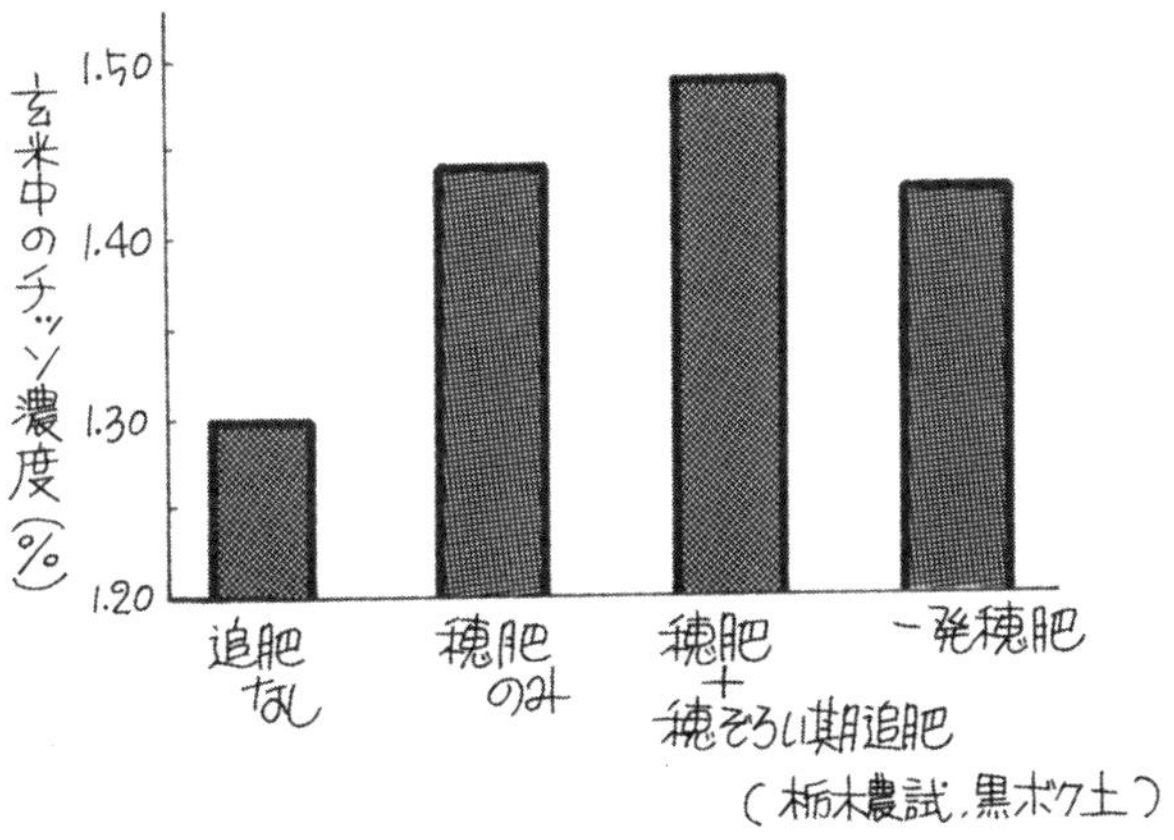

　以上のようにみてくると、一発穂肥は収量、倒伏程度では穂肥＋穂ぞろい期追肥の二回追肥と同等かそれに近く、食味は穂肥のみの一回追肥と同等かそれに近いという、大変都合の良い特性を持っている。

　また緩効性肥料成分（ＬＰ肥料）は温度によって溶け出す速度が変わるため、天候に応じてじっくりと登熟を支えてくれる。またゆっくり溶け出すので肥料の吸収率が高いと考えられている。

　一発穂肥の施用時期と量は、品種や生育量によって異なるが、基本的に一回目の穂肥の時期に、速効性と緩効性のチッソが従来の二回分のチッソ量と同じ程度の量になるように施用する。

　施用する量は、一〇アール当たり一袋（二〇キロ、チッソ成分：速効性二キロ、緩効性二キロ）を目安とする。肥効が高いので一袋以上必要なく、また計算しやすい。なお、葉色が四・二以上（葉色の落ちが悪い）の場合は二／三袋（一五キロ、チッソ成分：速効性一・五キロ、緩効性一・五キロ）程度に減らす。施用時期は穂肥と同様に、幼穂の長さで判定するのが確実である（81ページ）。

　一発穂肥の導入で、追肥作業を単純化できるが、この一発穂肥はじっくり型イネづくりでこそ力を発揮できる。それは基肥チッソを思い切って減らし、薄まきの良い苗を小苗に植え、じっくりと太い茎をつくるので安心して追肥をやれるからである。そのため、追肥作業を計画的、効率的、省力的に行なえ、じっくりイナ作と一発穂肥の利用でイネづくり技術が単純化できると期待している。

背負い動散で効率的に追肥

穂肥の散布を手や手回し散粒器でやっていたのでは、せっかくの省力化も半減してしまう。穂肥は、背負い式動散を使用し効率的に行なうのがよい。背負い式動散の場合一〇アール当たり三分程度ですむ。専用の噴頭もあるし、慣れてくればかなり均一に施用することができる。私も背負い式動散でやるが、一〇アール分の肥料（二〇キロ）を背負うと大変重く、重労働である。少し時間はかかるが、一〇キロ程度に小分けしたほうが長続きする。

左の図は、背負い式動散で追肥を散布した場合の肥料の分布を示した。専用噴頭でも片側から一五メートルは可能であり、三〇メートルホースを用いた場合は、往復散布することによってかなり均一に施用できる。専用噴頭の場合は、スロットルを上げれば一五メートル以上飛ぶが、手前側がやや少なくなるので、その場合は、噴頭の傾斜角度を二〇度程度に下げるとよい。

「基肥全量施肥」（一発基肥）でも穂肥が必要な場合

基肥に速効性チッソと長期溶出型緩効性肥料を組み合わせた一発基肥（栃木県では「ひとふりくん」）を施用した場合は、本来は追肥作業は必要ない。この肥料を使うことで超省力栽培になるのはもちろんだが、チッソの肥効が高いために施用量をチッソ成分で二割程度減らすことができる。

今後大いに期待される肥料だが、近年の温暖化によって異常に気温が上昇する年も出現しているため、そのような年には緩効性肥料部分が早く溶出してしまい、出穂前に葉色がかなり淡くなってしまう場合がある。そのままでは、総モミ数が減って減収してしまうので、穂肥をやれる条件があれば（労力面など）、穂肥を施用したほうがよい（90ページの図）。

ただし、このような年の一発基肥栽培は、チッソ溶出が早いので稈が伸びやすい。また緩効性部分は少しずつ溶出しているので、穂肥時期は遅らせ、量もやや減らす。コシヒカリであれば、標準の穂肥時期（出穂一五日目）より遅らせて出穂一〇日前を目安とする。

多収米の栽培で気をつける点

多収米（Aグループの品種）は食用米として販売する場合でも、飼料イネとして補助金を確保する場合でも、収

●背負い式動散でラクラク穂肥散布

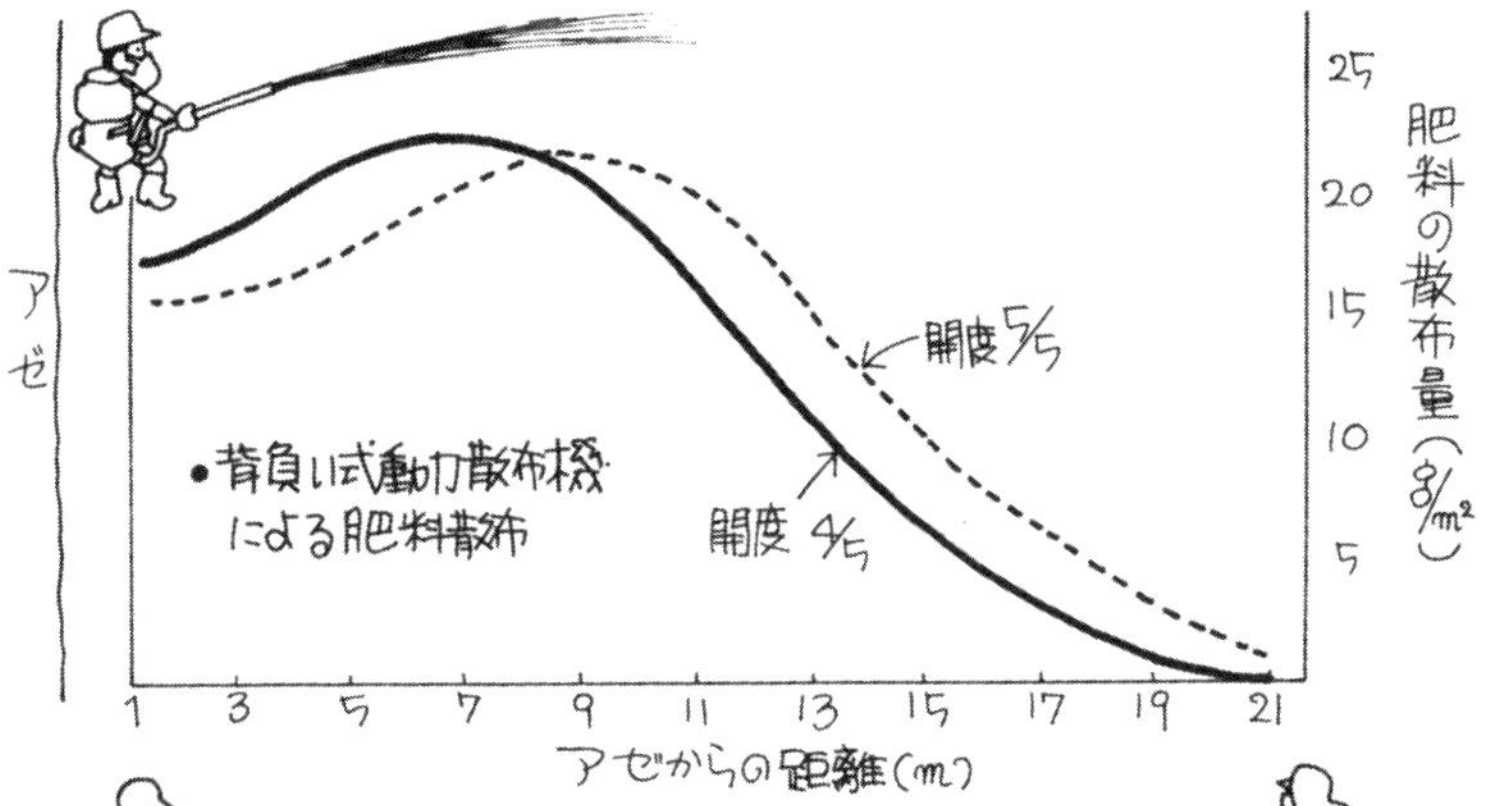

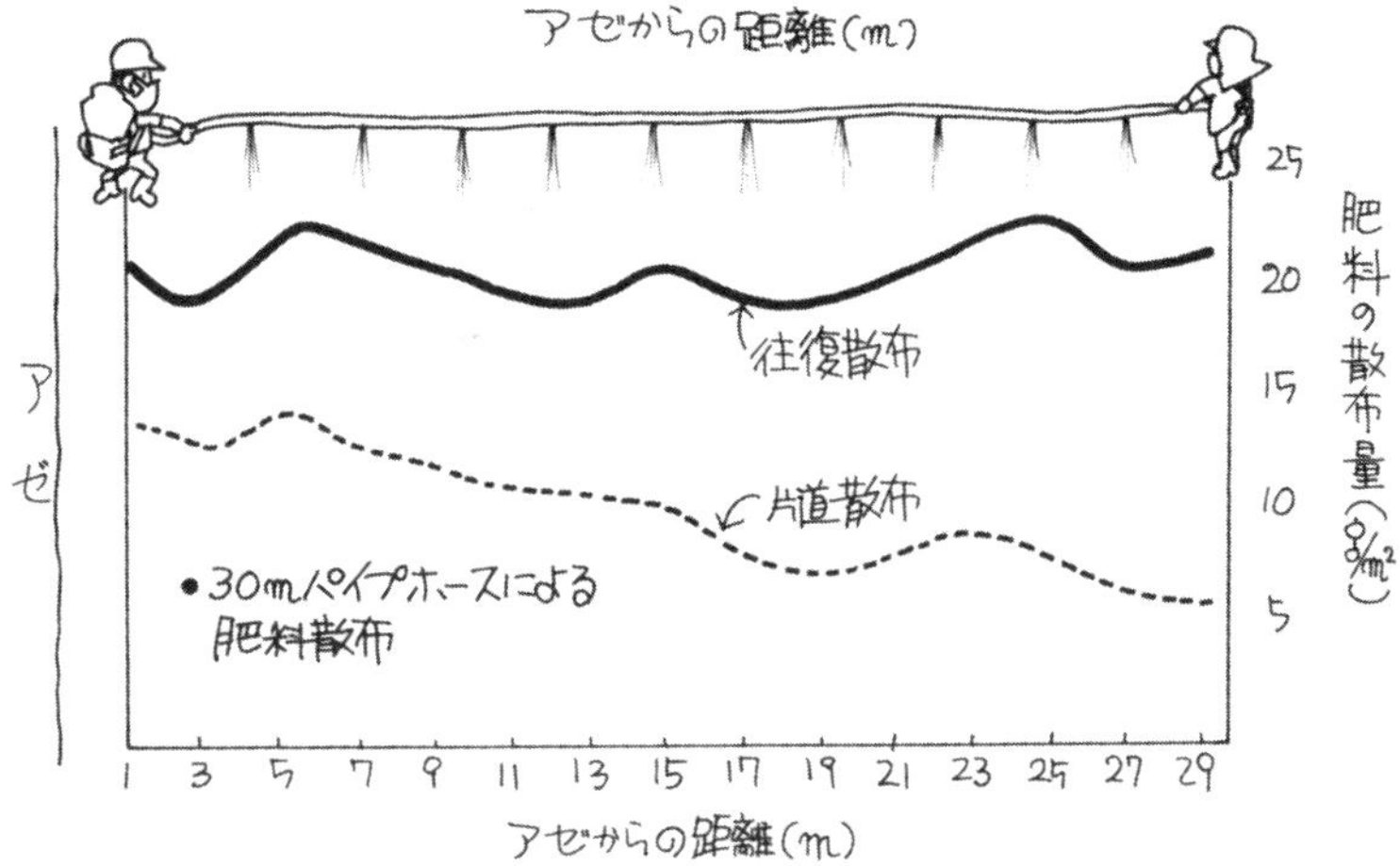

量を上げないと単価が安いので勝負にならない。コシヒカリなどと同じように栽培していたのでは、収量は上がらない。そのポイントは、穂肥を効かせる時期と生育に応じた量である。

穂を大きくする田植え後の水管理

イネは、田植えをして一カ月から二カ月は分げつを増やす期間になる。多収品種はだいたい穂の数が少なく、穂が大きくなるタイプが多い。稈長は短く、倒伏にはめっぽう強いので、基肥チッソ量は多めに施用するが、分げつを多くとりすぎると、茎が細くなって穂は小さくなり、多収米品種の特徴がいかせない。さらに水管理では、田植え後三〇～四〇日たったら無駄茎（分げつ）を増やさないように、水管理は間断かん水に入る。中干しは、穂を小さくするため行なわない。

●一発基肥をうまく使う

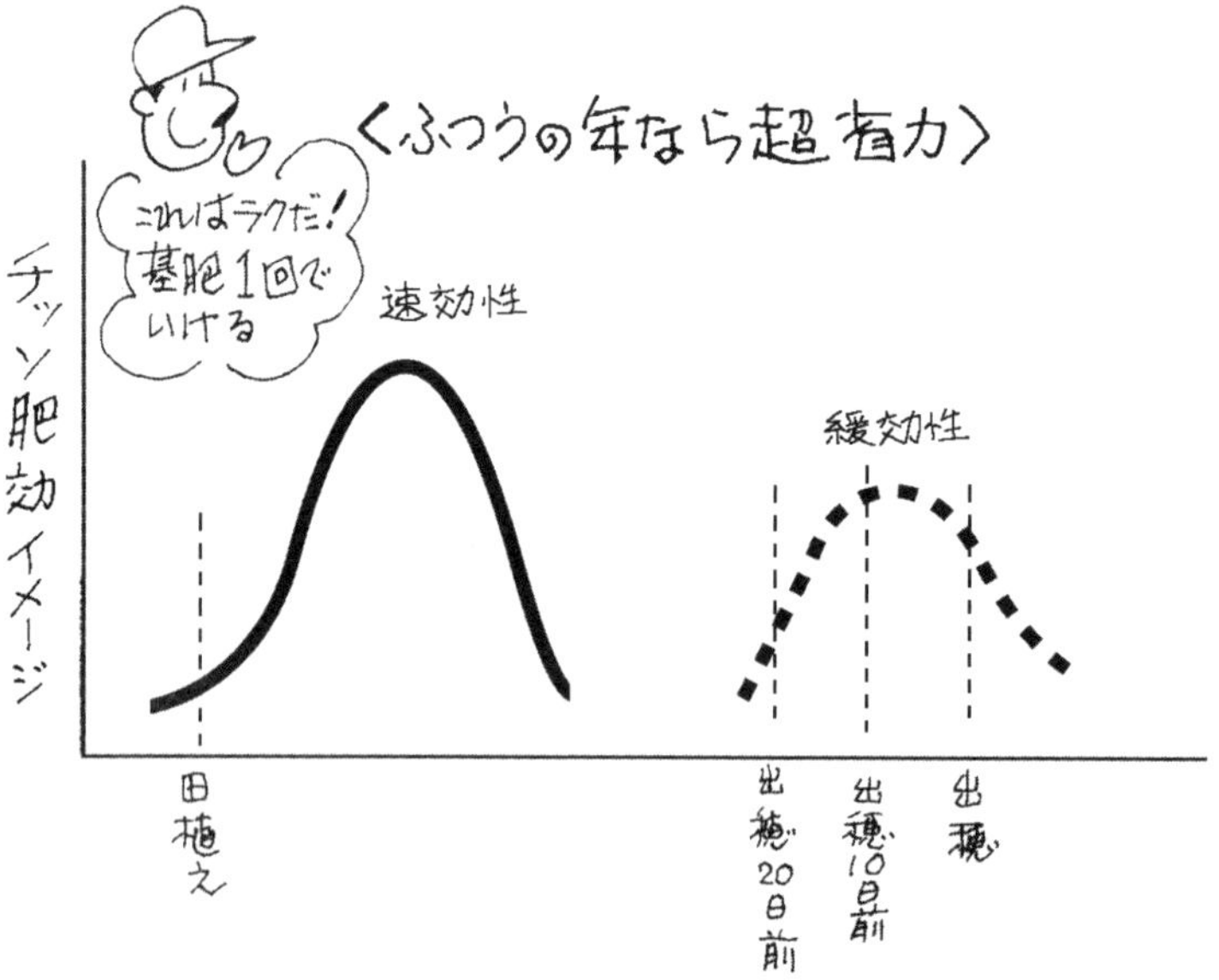
〈ふつうの年なら超有力〉
これはラクだ！基肥1回でいける
チッソ肥効イメージ
速効性
緩効性
田植え
出穂20日前
出穂10日前
出穂

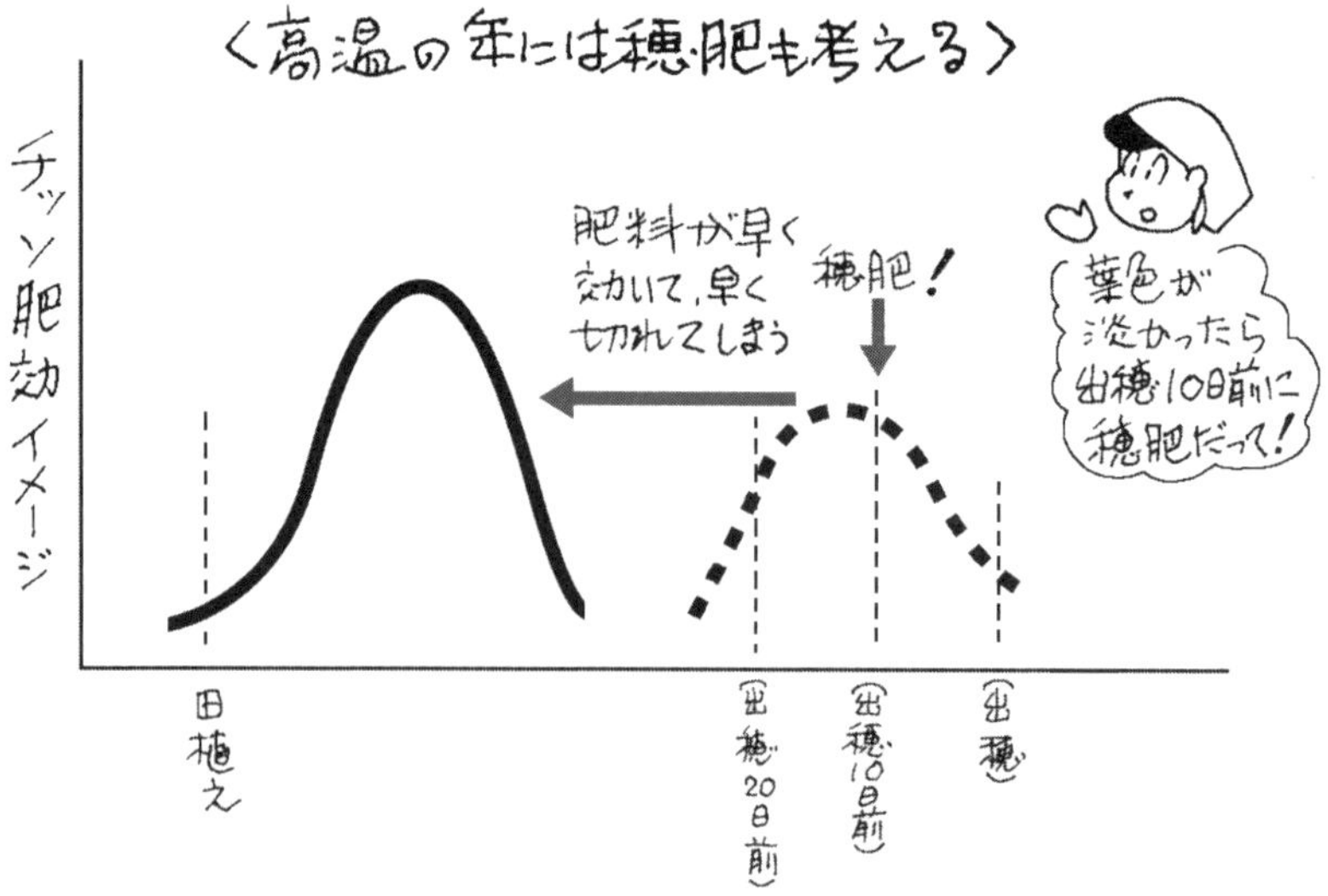
〈高温の年には穂肥も考える〉
チッソ肥効イメージ
肥料が早く効いて、早く切れてしまう
穂肥！
葉色が淡かったら出穂10日前に穂肥だって！
田植え
（出穂20日前）
（出穂10日前）
（出穂）

田植えが遅れたときの出穂日予測

穂肥の時期は出穂前日数で決める。多収米は出穂期の遅いものが多い。栃木県での多収品種「あさひの夢」はコシヒカリより七日程度遅く、秋田県での多収品種「萌えみのり」は、あきたこまちより四～五日遅いようだ（毎年栽培されている方にはわかりきったことだが）。それでは、飼料米のように出荷が遅くなるために遅く植えた場合は、遅くなった田植え日数の四～五割だけ出穂期は遅れる。つまり同じ品種を二〇日遅く植えた場合は、八～一〇日出穂期が遅れる。

穂肥の目安は出穂二〇～二三日前

多収品種の穂肥時期は、出穂期の二〇～二三日前で、幼穂長は二～五ミリになっており肉眼でもわかる。幼穂長がタバコの直径や人差し指の爪の幅になると（八～一〇ミリ）出穂前一八日ぐらいだが、多収品種にとっては遅すぎる。

ただ穂肥が早すぎると、稈が伸びて葉が茂りすぎてしまうし、遅れると、モミ数を多くする（穂を大きくする）効果が薄れる。適期に積極的に施用したい。

適期穂肥で
おもしろいように増収できる

チッソ成分で一〇アール当たり三～五キロが目安であるが、その時期の葉色を見て増減する。淡い竹色ならば四～五キロ、まあまあの葉色であれば三～四キロとする。田植え後天候が良い場合は攻めの穂肥、天候が悪い場合は守りの穂肥とする。穂肥のおもな効果はモミ数を増やすことだが、ＮＫ化成のような速効性肥料よりも、緩効性肥料入りの一発穂肥のほうが、穂ぞろい期追肥の効果（粒を大きくし、登熟をよくする）もあり収量が向上する。

穂肥を適期に施用すると、おもしろいように収量が上がる。基肥一発肥料を施用した場合でも、穂肥によってさらに増収する。労力がかかるが、通常の基肥の場合よりやや遅らせて、一発穂肥でチッソ成分三～四キロが目安となる。

ただし、チッソ肥料をあまり多くやりすぎると、倒伏はしなくてもいもち病にかかりやすくなる。多収品種は必ずしもいもち病に強くない。また、後半にチッソが残りすぎると、玄米中のタンパク（チッソ濃度）が多くなり、食味が低下するので注意する。

出穂後の水管理とコメの品質

出穂後三〇日間は落水しない

玄米の大きさが決まるまでには、出穂してから約四週間かかる。左ページの図のように最初の一週間で開花・受精、次の一週間で玄米の長さが決まり、その次の一週間で玄米の幅が決まる。そして最後の一週間で厚みが決まる。早く落水した田んぼのコメは最後の厚みが十分でなく、粒厚の薄いコメになってしまう。

玄米の大きさが決まった後、ゆっくりと成熟に向かう。細い分げつや遅れて出てきた穂は、それよりも後にずれ込む。そして、この登熟に水は欠かせない。したがって、少なくとも穂が出てから三〇日間は落水しないようにする。困ったことに、地域によっては昔ながらの二百十日（九月上旬）で用水の水を止めてしまうところがある。成苗手植え時代の習慣だと思われるが、水利組合で話し合ってこういう習慣は早く改善してほしい。

出穂後の天候がよかったのに登熟がさっぱり向上しない年があった。天候が良かったとは雨が降らなかったということであり、多くの田んぼで好天候が加わって早期落水の害が大きくなってしまったのである。早く落水してしまうと、せっかくの好天候が利用できないことになる。

また逆に、出穂後低温がきたり、風が強く吹いたりした年に乳白米が多く発生した。水が十分あった田んぼでは乳白米が少なかった。

穂が出て三〇日は落水しないというと、コンバイン作業がやりづらくなるという。しかし三〇日間湛水状態にしているわけではない。出穂後も間断かん水でよい。つまりイネが水を吸って登熟活動が行なえればよい。間断かん水で地がためをしながら玄米を太らせるわけだ。台風など強い風が吹くときだけ水を十分やるようにする。

出穂後の間断かん水の程度は、できればあまり乾かさないようにすると、品質や食味が向上する。湿田やぬかり田の食味が良いといわれるが、ふつうの田んぼでも間断かん水期間中に、かん水の間隔を短くすると食味が落ちない。田んぼにもよるが、三日に一回か

●玄米の外形の発達（星川、1967）

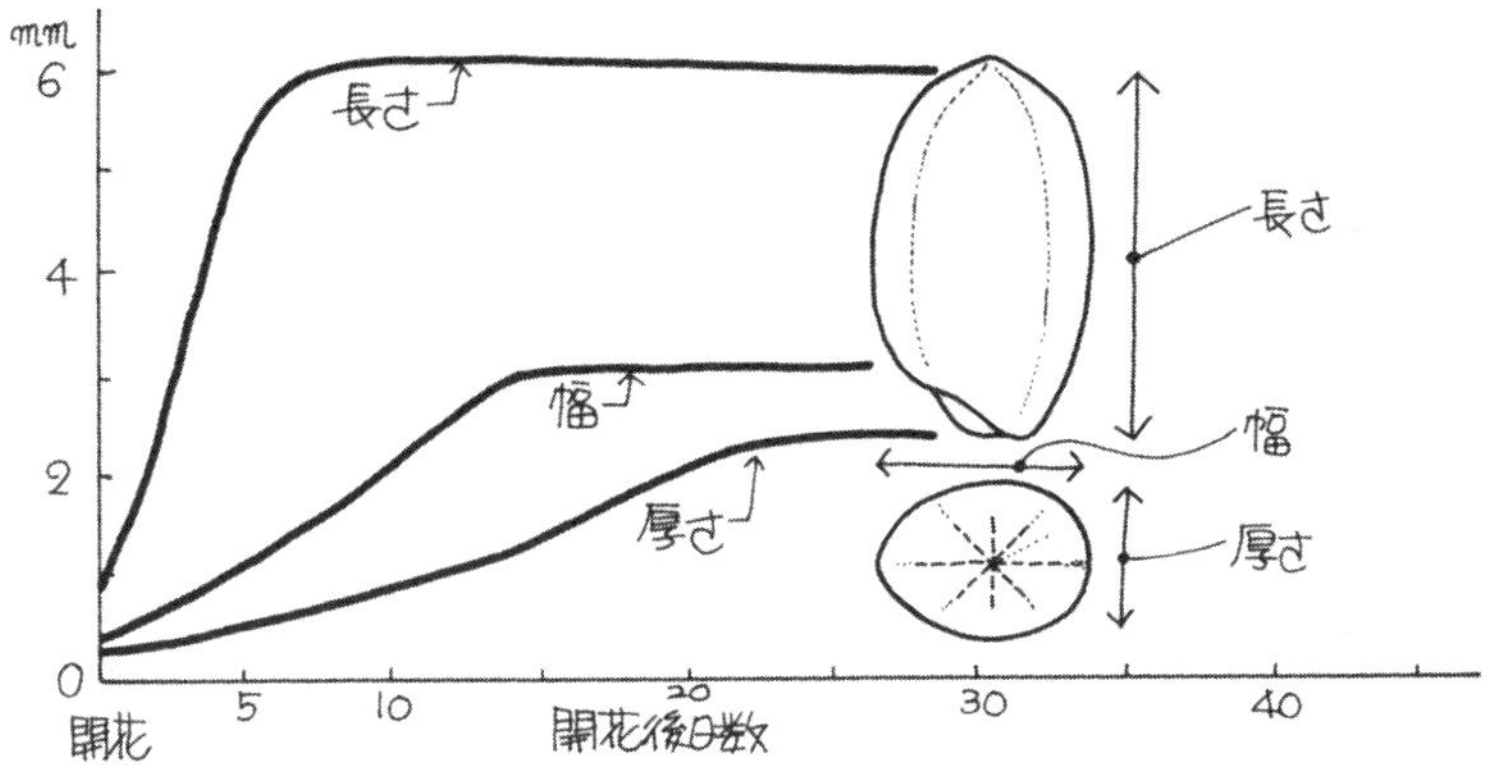

ん水程度とする。水田を干して硬くしながら、品質、食味も良くしたい。

高温障害対策もじっくりイナ作で克服

温暖化の影響があってか、最近はイナ作期間中に異常高温が襲来することが多くなった。イネが出穂してから異常高温になると、乳白や腹白などの白未熟粒が発生しやすくなる。とくに、出穂後二〇日間の高温と発生頻度との関連が強いとされている。異常高温になると、穂へのデンプンの転流が順調に行なえないためだ。

　異常高温だけでなく、台風後のフェーン現象や日照不足によっても白未熟粒の発生

乳白粒　基部未熟粒　背白粒

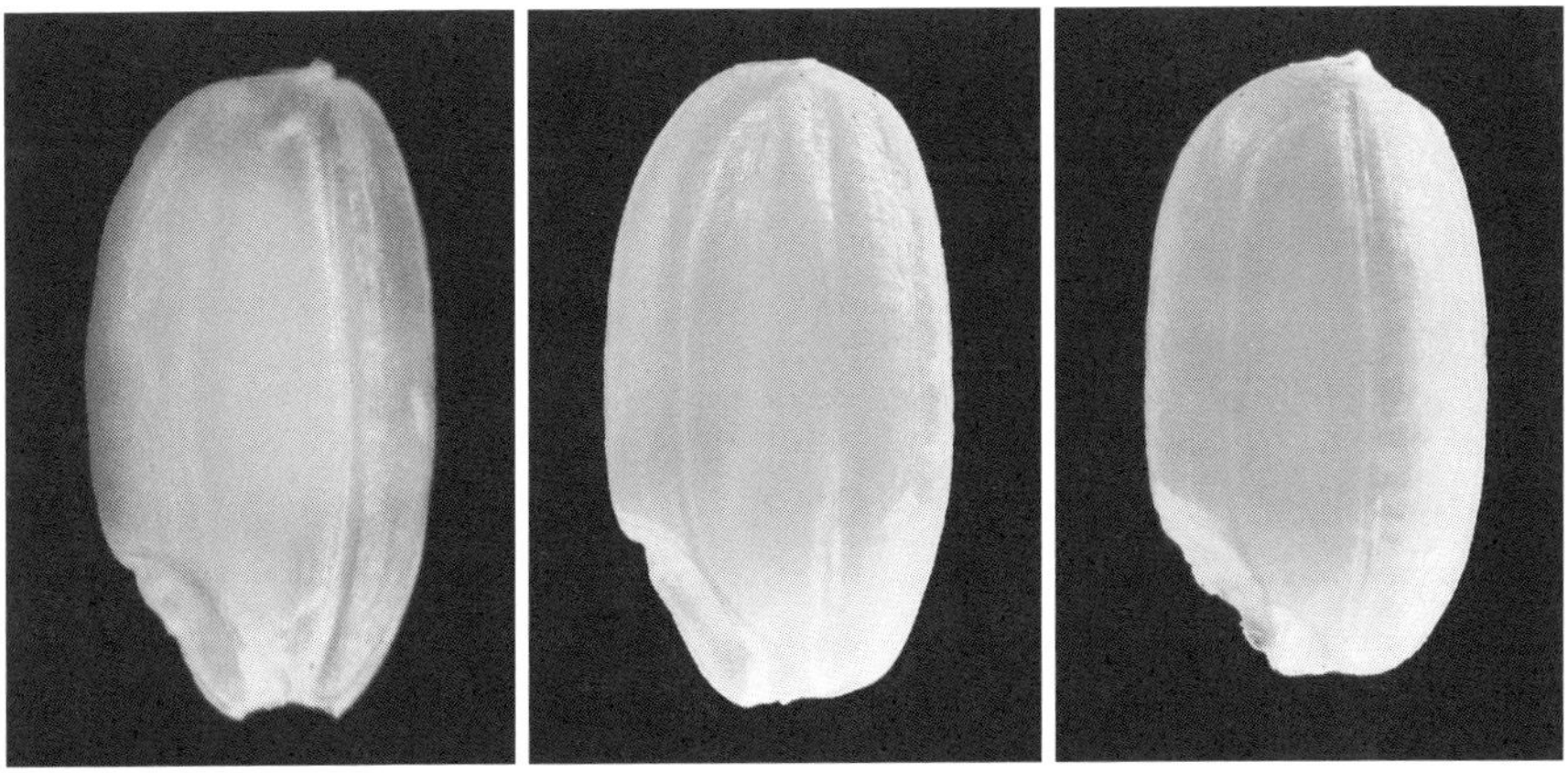

おもに日照不足による（腹白粒も）

おもに高温と葉色の低下による

胴割れ粒

光を当てると割れが見える。これが胴割れ粒

が助長される。イネの側の原因として、モミ数過多だと一粒当たりのデンプンが不足する。モミ数は適正であっても、逆に葉色が淡くなりすぎ、イネの栄養不足でも発生する。出穂後三〇日以前の早期落水でも発生しやすくなる。白未熟粒だけでなく、これらの条件では胴割れ粒（上の写真）も発生しやすくなる。

異常高温の対策として決定的なものはないが、異常高温時に田んぼにかん水して田んぼ内の温度を下げるぐらいしかない。フェーン時はできるだけ深水にする。

イネ側の対策は、前述したように適正モミ数と生育に応じた追肥、出穂後三〇日以降の落水などで、じっくりイナ作ならば高温障害は発生しにくいといえる。

緑色モミの割合を見て、少し早刈り

成熟期はたいがいの品種では出穂後四〇～五〇日である。毎日の平均気温を足した積算気温では、一〇〇〇℃から一二〇〇℃になる。ムギ後栽培などで出穂期が遅くなると、この積算気温も低くなる。出穂後の天候がよければ成熟は早まり、気温が低ければ長びく。

しかし成熟は気温だけで決まるものではない。田んぼの水分、イネの生育量、追肥量、根の健全度、倒伏程度などさまざまな要因が関係している。そこで毎年の平均的な成熟期間や、普及所などから出される成熟期予測を参考にするとしても、自分の田の成熟期は自分でつかみたい。

刈り取り適期判断と収穫・乾燥

刈り取り適期の判断には、緑色モミの割合をみるのが間違いがない。次ページの図のようにして、田んぼの何カ所かで、五～六本の穂を束ねて手のひらに広げてみる。穂の元のほうに、薄緑色したモミが残っている。モミの隠れている部分（裏側）にかすかに残っている薄緑は無視してよい。表からは見られないし、いずれにしても成熟の判定に使うのはむずかしい。表から見える薄緑色のモミに注目してその割合を見てみるのだ。この薄緑色のモミの割合（帯緑色モミ率）が五パーセント程度になった時期が、おおかたの品種の成熟期とみられる。

以前は、今と同じか、あるいはそれより少し後から刈り始めて、まったく薄緑色のモミがなくなるころまで収穫にかかっていた。しかし、モミが全部黄色になるころには、穂の先のモミが刈り遅れの状態になっていることが多い。品種によっては胴割れしたり、薄茶米になっていたりする。

最近は品質面での評価がより厳しくなっており、軽微な胴割れ、水に冷やしてからの胴割れ（水浸裂傷）などもきらわれる。刈り遅れによってこれらのさまざまな胴割れが増えることもわかっている（97ページ上の図参照）。適期刈り取りが強く望まれる。

刈り取り適期は、生き青米が多少残り、玄米の充実がよくなって、胴割れ米、薄茶米が発生しない時期である。これが帯緑色モミ率五パーセント

●イネ刈り時期の判断

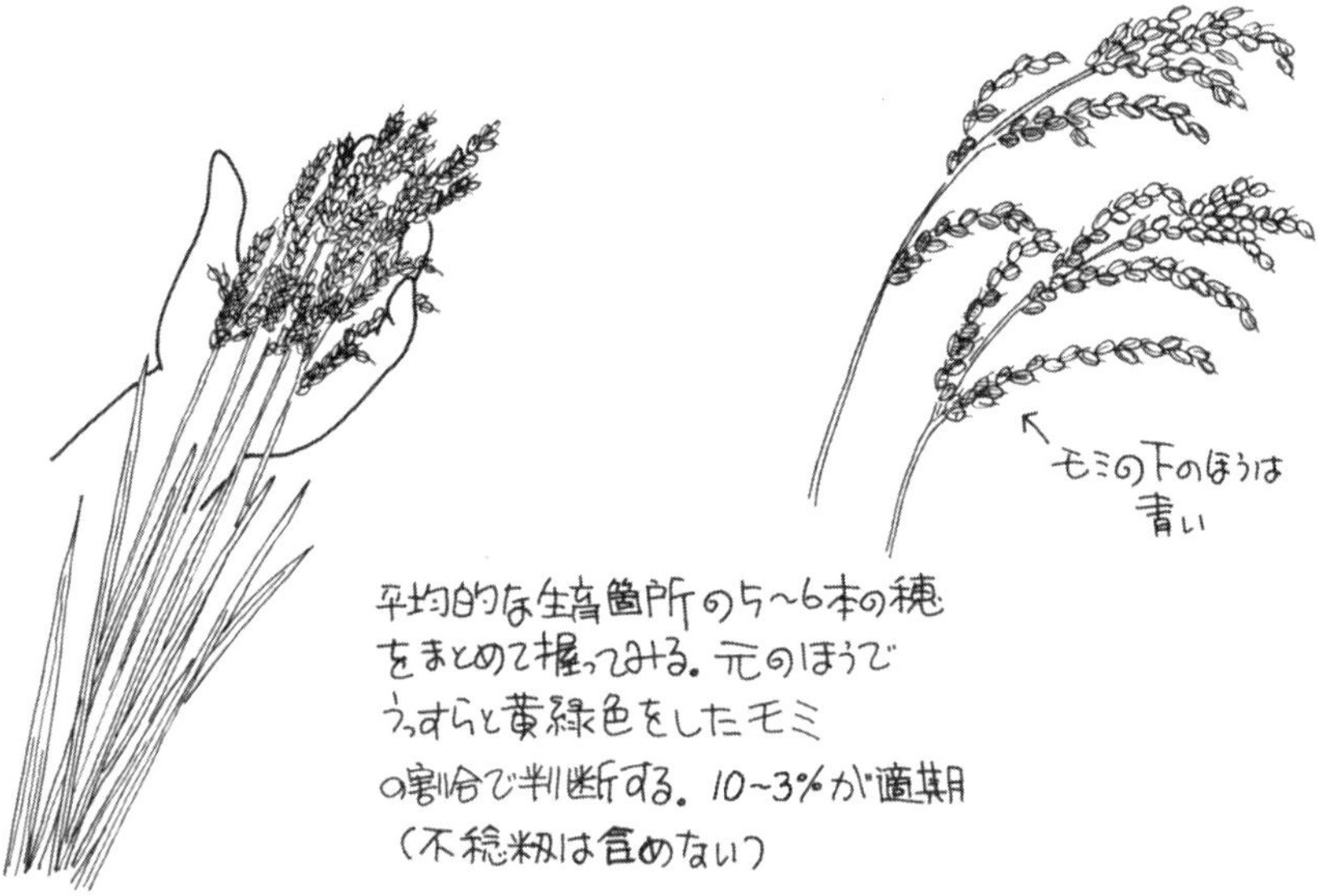
モミの下のほうは青い
平均的な生育箇所の5～6本の穂をまとめて握ってみる。元のほうでうっすらと黄緑色をしたモミの割合で判断する。10～3%が適期（不稔籾は含めない）

の時期となる。最近は、一発穂肥の施用などで、モミは黄変しているが、葉は緑を保っているケースが増えている。その場合、葉の色を見ていると刈り遅れになってしまうので注意しよう。

刈り遅れると玄米品質が低下するだけでなく、倒伏も増える。刈り遅れている間に台風などが襲来して、倒伏がひどくなり、収穫作業に時間がかかり、収量も低下する事例が見られる。

現在はコンバインの性能も向上し、モミ水分三〇パーセント程度でも刈り取れる。ただあまり水分が高い状態で刈ると、その後の乾燥に時間がかかる。それでもモミ水分二五パーセントなら十分刈り取ってよい。

薄緑色のモミの割合が一〇パーセントを下回ったらそろそろ刈り始める（左ページ下の図参照）。大規模作付け農家などで作業面も考えるとこの点が大切だ。少し早刈りになると収量面ではわずかにマイナスだが、品質は確実によくなる。早めに刈り取って、薄緑色のモミの割合が三パーセント程度になるころに刈り終わるように心がける。コシヒカリなどは刈り取り適期幅も長く、多少刈り遅れても品質の低下は小さいが、最近の品種は意外と刈り取り適期幅が狭く、刈り遅れると急に品質が低下するものが多い。

刈り取ったモミの放置は厳禁

刈り取り後モミをそのまま放置していると、ムレモミが発生し、ひどい場合は赤く変色する。収穫後にはできるだけ早く、乾燥機に持ち込む。

乾燥時にも胴割れが発生する。高水分で刈り取り（とくに倒伏したイネ）、その後急速に乾燥すると胴割れ米が多発する。このような場合、通風乾燥である程度水分を落としてから徐々に乾燥温度を上げるようにする。品質を上げるためには最後まで気を抜けない。

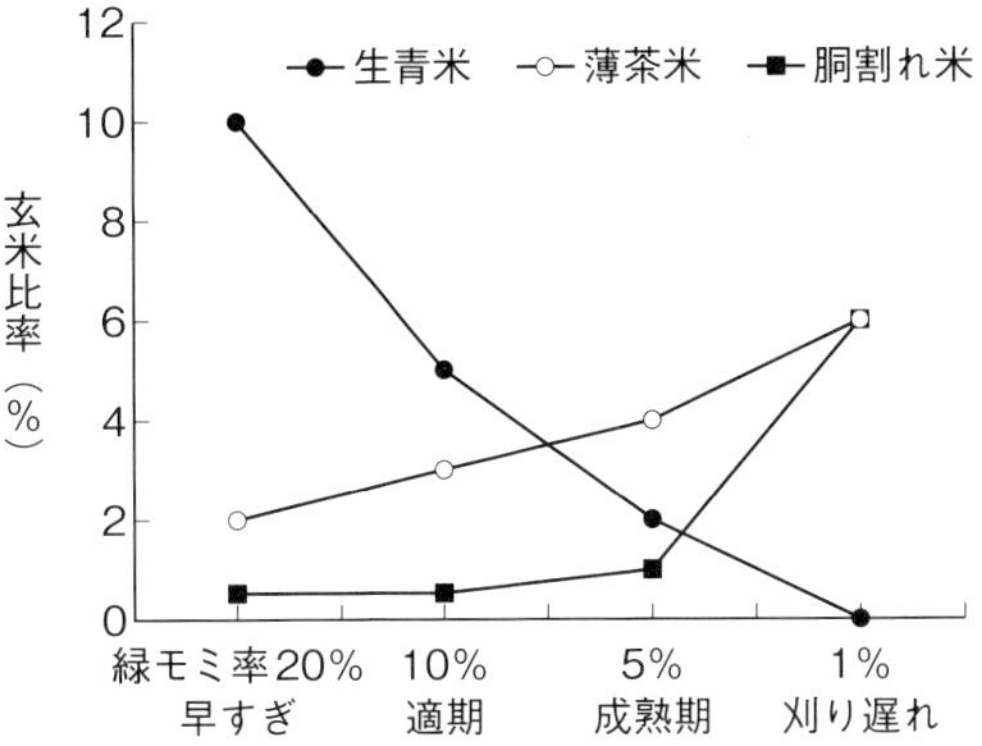

刈り取り時期と玄米の品質（コシヒカリの事例）

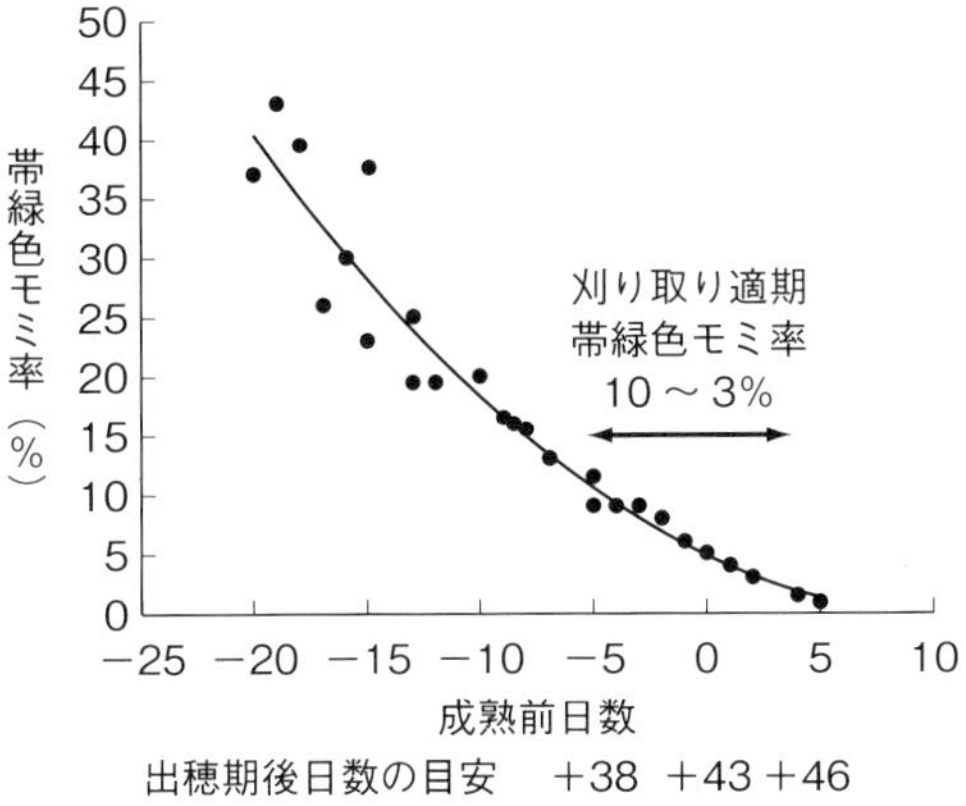

帯緑色モミ率と成熟前日数

来年に向けた秋耕を

イネ刈り後、できるだけ早めに秋起こしをする。早いほうがイナわらの水分が高く気温も高いため、腐熟しやすい。このとき大切なのは、前述したように一五センチの耕深を確保することだ。作業は多少ゆっくりだが、走行速度を一速落としても、来年度のために深く起こす。

その後は、一一～一二月に一度耕うんすると、土が細かくなり、ワラの腐熟がすすむと同時に、乾燥や寒さによって雑草の種子や害虫が死滅する。耕種的に雑草や害虫を減らすことができる。あとは三月になって、代かき前の耕うんをすれば十分だ。また、畦畔の補修や平らでない箇所の補正も冬の間にやっておくほうが効率的だ。代かきだけで田んぼを均平にするのはむずかしい。

今年の反省が来年の一俵増収を約束

じっくりイナ作は改善点がよく見える

収量が期待どおりにいかなかった場合はもちろんだが、逆に予想以上にとれたときでも、なにが悪かったのか、どこがよかったのかを反省しておくと、来年のイネづくりの改善点がつかめる。この反省点や改善点をつかみやすいのも、じっくりイナ作のよいところである。

基肥多・大苗植えは天候によって生育の変動が激しいうえに、中干しという天候に左右されやすい方法をとるので、なにが問題なのかゴチャゴチャしてわからなくなってしまう。倒伏一つとっても、いろいろな要因がからみあっていて、どれが問題なのか見つけにくいのである。

それに対し、じっくりイナ作では基肥も穂肥の量もまず一定にする。中干しはやらず間断かん水で通すといったぐあいに、技術の組立てが単純・明快なので、改善点がつかみやすいのである。だから、イネづくりは年々上手になる。

さて、その改善点をつかむうえで大変役立つのが、刈り取った株の穂数、穂長、クズ米の多少である。コメの収量の成り立ちを調べるわけで、これらはそんなに面倒な話ではない。これを調べることで、収量だけではわからない改善点が見えてくるし、イネづくりも楽しくなってくること、間違いない。

反省の素材、「収量構成要素」

収量は、穂数×平均一穂モミ数×登熟歩合×玄米千粒重で成り立っており、それらを収量構成要素と呼んでいる。

穂数は平方メートル当たりの穂数で、一株一九本で平方メートル当たりの株数が二〇株ならば、一九×二〇＝三八〇本となる。

平均一穂モミ数は、シイナも含めたモミが一本の穂にどれだけついているかの数だが、大きい穂も小さい穂もあるので、その平均をとる。

穂数と平均一穂モミ数をかけたのが、単位面積（平方メートル）当たりの総モミ数になる。三八〇本の穂に平均九〇粒のモミがついていると、三八〇×

九〇＝三四二〇〇粒となる。

この総モミ数のうち、実った玄米の割合（米選機をかけ、出荷できる玄米と考えてよい）が登熟歩合である。玄米千粒重は玄米の大きさ（重さ）を表わしたもので、通常一〇〇〇粒当たりのグラムで表わすが、一〇〇粒の重さを測って一〇〇〇粒に換算してもよい。

収量を計算するときは、玄米千粒重を一〇〇〇で割る。登熟歩合が八五パーセントで玄米千粒重が二三グラムだと、収量は平方メートル当たり収量六六六八グラム。つまり、一〇アール当たり六六六八キロだ。

収量構成要素にかかわる簡便な調査法……穂数、穂長、クズ米

平方メートル当たりの株数は、田んぼで平均箇所の株間を二〜三カ所測ってくる。

穂数は平均的な株を数株数えればいいが、平均一穂モミ数を調べるのがなかなかやっかいだ。

そこで、一穂モミ数のかわりに穂長を測ってみよう。（もし一穂モミ数を数える場合は、簡便な方法として、平均的な株の、上から二番目の穂と、弱小穂を除いた下から三番目の穂の平均をとる。）

登熟歩合と玄米千粒重は調査がやや面倒なので、クズ米の多さで推測する。登熟歩合が高く、玄米千粒重が大きければ、クズ米は少なくなる。

穂数、穂長、クズ米の多少から見えてくる改善点

穂数が目標値よりかなり少なかった場合、基肥チッソを少し増やしてみる。ただし、じっくり型では目標の穂数が少なめであることを忘れないように。リン酸などが不足して穂数が少ない場合もある。穂数が多い場合は、大苗植えになっているか、基肥チッソが多いか、間断かん水に入る時期が遅れている。コシヒカリなどでは、この場合は倒伏も多いはずだ。

一穂モミ数が少ない場合は、水管理（間断かん水や中干し）で干しすぎたか、穂肥の時期が遅れたかである。小苗植えができていないとやはり穂は小さくなる。平方メートル当たり総モミ数が目安からはずれている場合も、このどちらかに問題があるはずだ。

クズ米が多い（登熟歩合が低い）場合は、もちろん出穂期前後の天気が悪かったことによるところが大きいが（出穂前一五日間と出穂後二五日間、計四〇日間が重要とされている）、総モミ数が多すぎて倒伏したり、逆に出穂後の栄養が不足していることも考えられる。小苗植えでないため太い充実した茎ができず、出穂前のデンプン蓄積が足りなかったことや、さらに基

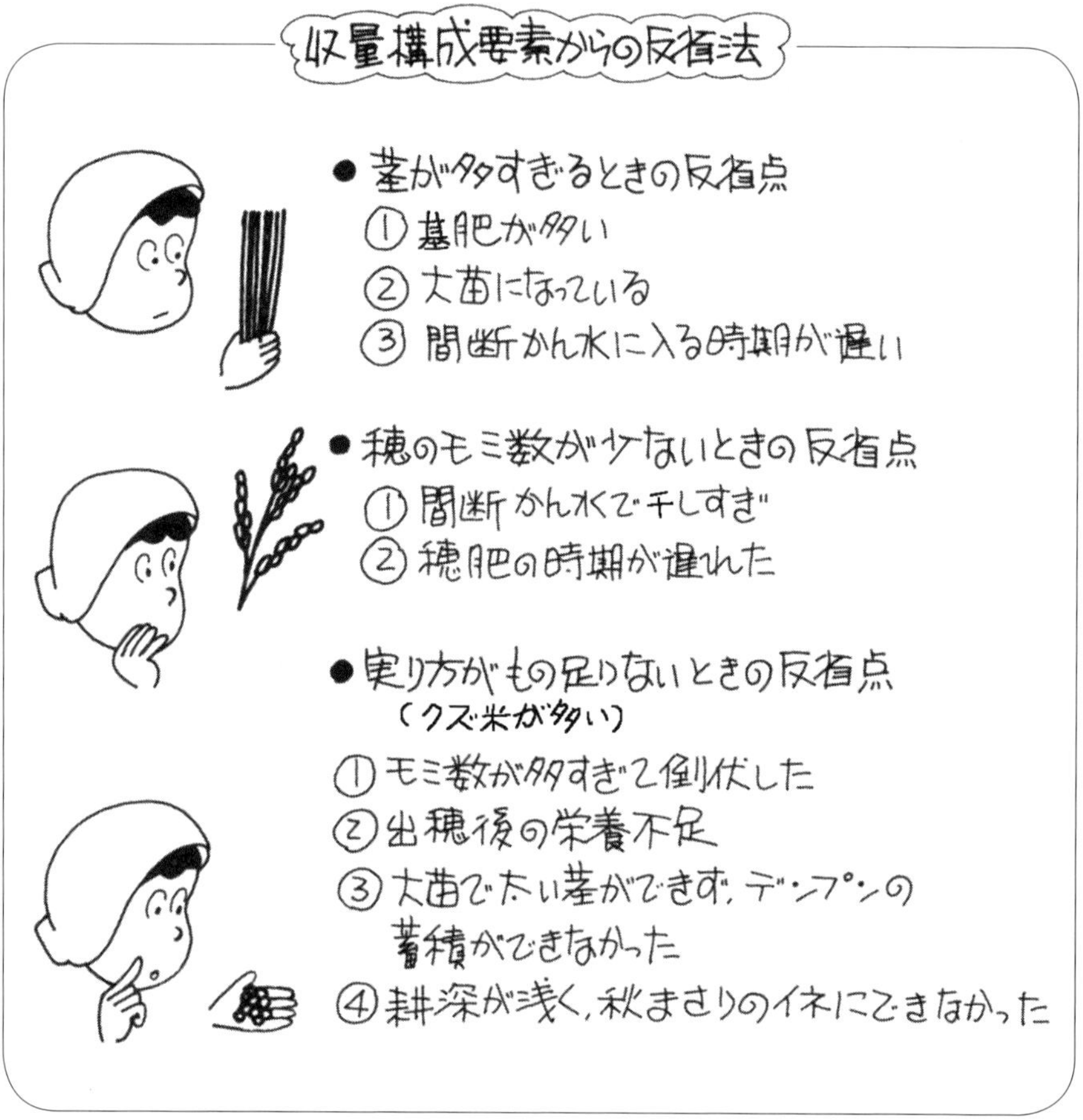
収量構成要素からの反省法
●茎が多すぎるときの反省点
①基肥が多い
②大苗になっている
③間断かん水に入る時期が遅い
●穂のモミ数が少ないときの反省点
①間断かん水で干しすぎ
②穂肥の時期が遅れた
●実り方がもの足りないときの反省点
（クズ米が多い）
①モミ数が多すぎて倒伏した
②出穂後の栄養不足
③太苗で太い茎ができず，デンプンの蓄積ができなかった
④耕深が浅く，秋まさりのイネにできなかった

本的には耕深が浅く秋まさりのイネになっていなかったことも考えられる。

このように収量構成要素のかわりとなる穂数、穂長、クズ米の多少を知ることが、翌年に向けて、じっくりイナ作をよりいっそう改善することになる。

PART Ⅲ

話題の技術にじっくりイナ作をいかす
応用編

密播移植技術

収量よりも省力を求めて

農家の高齢化、担い手不足が深刻になっており、イネづくりもその対応が求められている。そこで、収量よりも省力を重視する技術が注目されている。疎植栽培、鉄コーティング種子直播、密播移植（ヤンマーでは「密苗」栽培、クボタやイセキでは「密播」栽培と呼んでいる）などである。

疎植栽培は、植え込み株数を坪当たり三七〜五〇株（株間三〇〜二二センチ）の疎植植えにして、使用育苗箱数を減らす技術である。本編の栽植密度の箇所でふれたが（56ページ）、天候によって茎数不足や品質のバラツキ、雑草などの課題がある。

鉄コーティング種子直播は育苗そのものをなくす超省力技術で、ある程度浸種した種子に鉄粉をコーティングし、田んぼに直接播種する。鉄粉は田んぼに種子をまいたとき、その重さで安定させる役割がある。ただし専用の播種機が必要で、出芽の安定と雑草防除が課題である。また、倒伏には弱いので、倒伏に強い飼料米などに向いている。

疎植栽培も直播も、それぞれの課題の対応を研究した技術書が発行されているので、チャレンジしたい方はそちらを見てほしい。

ここでは、密播移植について、じっくりイナ作の考え方にもふれながら紹介する。

育苗箱数が半分ですむ

密播移植は、一箱当たり乾モミ相当で二三〇〜二五〇グラム（三〇〇グラムとする資料もある）を播種し、使用箱数を一〇アール当たり九〜一〇箱とする技術である。従来の使用箱数は一八箱程度なので、その五〜六割となり、かなりの省力となる。仮に一〇ヘクタール栽培している大規模イナ作農家であれば、一八〇〇箱が一〇〇〇箱ですむことになる。育苗箱だけでなく、育苗労力、育苗ハウス面積など、省力効果は絶大で魅力だ。

播種量は、催芽モミで二九〇〜三二〇グラムとなる。播種機に専用のオプションも販売されているが、乾モミ相当二五〇グラムまでならば従来の播種機でも対応できる。一株当たり四〜五本植えの場合、平方メートル当たり一八株（坪六〇株）程度ならば、必要な種子量は二・四キロなので、一〇箱ですむことになる。平方メートル当たり一五株（坪五〇株）ならば九箱ですむ。その分、田植機のかき取り幅を狭くする（横送り二六回、かき取り幅八ミリ程度）。

密播移植の問題点

しかし、問題点もいくつかある。平置き出芽法で出芽させた場合、播種量が多いと種モミが露出し、根上がりしやすい。覆土をやや深めにかき取り、中間かん水を早めにやって覆土を落ち着かせる。それでもモミが露出した場合は、出芽後に覆土を補充しなければならない場合もある。

一番の問題点は、苗が伸びやすく、細く長く（徒長）なりやすい。播種量が増えれば増えるほど徒長しやすい。乾モミ相当二〇〇グラム（催芽モミで一・三倍）を上限と考えたほうがよい。また、徒長だけでなく、乾モミ相当二〇〇グラムを超えると苗のバラツキも増え、出芽が遅れ発育の遅れた小さい苗が増える。このため、均一に催芽するよう十分浸種し、出芽長は短めに切り上げる。

育苗温度は低温ぎみに管理し、できるだけ伸ばさないようにする。育苗期間も短めにし（出芽完了後一〇〜一四日）、目標葉齢は一・八〜二・二葉と少なめにし、育苗を早く終了する。あまり長く放っておけないので、田植え可能期間は短くなる。苗丈は一二〜一四センチと短めのほうが、苗質的にがまんできる。乾モミ相当三〇〇グラム播種で、一〇アール七〜八箱という究極の密苗もあるようだが、苗質的にはかなり不安である。

徒長した細い苗になると、田植え時に欠株、浮き苗、流れ苗などになりやすい。そのため、代かきで均一にしたうえに、田植え時の水深を深くしないなど注意が必要だ。育苗期間中の病害やムレ苗も発生しやすくなる。省力化の効果は大きいが、慣れと問題点に対する注意深い対策が必要である。病害を減らすためにはプール育苗との組み合わせも有効と考えられる。

じっくりイナ作的「密播移植」技術

じっくり型イネづくりでは、薄まきで健苗を育て、小苗に植える。安定多収をねらうには必要なことである。しかし、どうしても使用箱数を減らし省力化したい場合には、多少苗質は犠牲になるが、一箱当たりの播種量は乾モミ相当で二〇〇グラムがよいと考える。

注意して育苗管理すれば、徒長や苗質のバラツキが少なくてすむ。

　乾モミ相当二〇〇グラムまきでも、小苗植えにすれば、一〇アール当たりの必要箱数は一二～一三箱。八～一〇箱までいかなくても、かなり安心して省力化できる。乾モミ二〇〇グラムの「密播移植」と、本編で述べた、軽量育苗箱、プール育苗、さらに本田施肥は基肥一発施肥を組み合わせると、かなりの省力技術になる（図）。ただし、あくまで省力技術であり、安定多収技術ではないと考えるべきである。

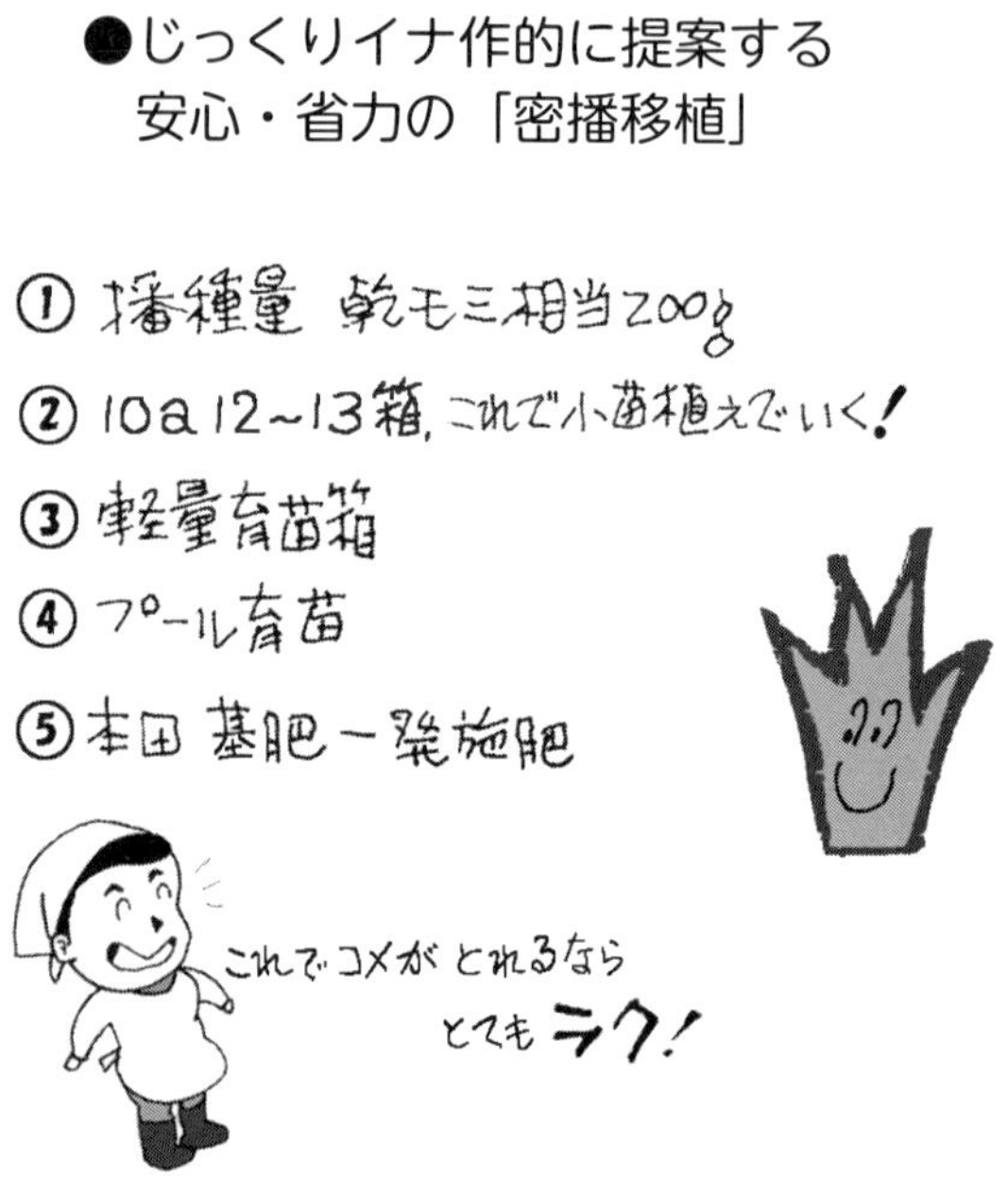
●じっくりイナ作的に提案する
安心・省力の「密播移植」
① 播種量 乾モミ相当200g
② 10a 12～13箱、これで小苗植えでいく!
③ 軽量育苗箱
④ プール育苗
⑤ 本田 基肥一発施肥
これでコメがとれるなら
とてもラク!

側条施肥栽培でのじっくりイナ作

田植え時に、基肥を同時に施肥しながら苗を植えることができる田植機が側条施肥田植機である。植え付けた苗のそば、深さ三～四センチのところへ施肥をしていく（次ページ上の図）。側条施肥田植機はかなり普及しており、ここでは側条施肥のイネの特徴と、じっくりイナ作の応用としての肥培管理および診断の仕方を中心に述べる。

側条施肥のメリット・デメリット

側条施肥田植機を導入することで、事前の基肥散布作業は省略できる。しかし、土壌改良資材はブロードキャスターなどで散布することを考えると、作業的には、基肥散布の省略はさほど省力化にはならない。また、施肥田植機の価格も従来の田植機より高いことから、コスト面でも改善されるとは言いがたい。しかし実際の作業手順の面では、その時期は一方で代かき、一方で田植えという作業競合があるので、とくに大規模経営農家では基肥散布の省略はだいぶラクになる。

また、基肥を事前に散布して代かきをすると、田植え時の落水で三割程度のチッソが流亡してしまうともいわれている。しかし、側条施肥では田植え時に土中に施肥することによって肥料の流亡がなく、施肥した肥料の効率も良いし、流亡する肥料で排水を汚さないという面も持っている。肥料の効率が良い分、基肥チッソ量も減らせる。イネ株の足元に施肥するので、初期生育が良くなるメリットもある。

側条施肥のイネは全量施肥に比べて肥効が早くあらわれ、初期の分げつ確保が早く、本葉第二～五節の一次分げつおよび二次分げつの発生数が多く、最高分げつ数も多くなる。しかし側条施肥の大きな特徴として、その後急速にチッソ切れを起こす。足元のチッソの効果がなくなるわけだ。その結果葉色が淡くなり、有効茎歩合が低下して、最終穂数は全層施肥に比べ必ずしも多くならない。適切な穂肥が施用されないと、一穂モミ数も全般に少なくなってしまう（次ページ下の図）。その傾向は、早生品種より中生品種で大きい。つまりチッソ切れの期間が長いほどモミ数が減ってしまう。一方、中間で

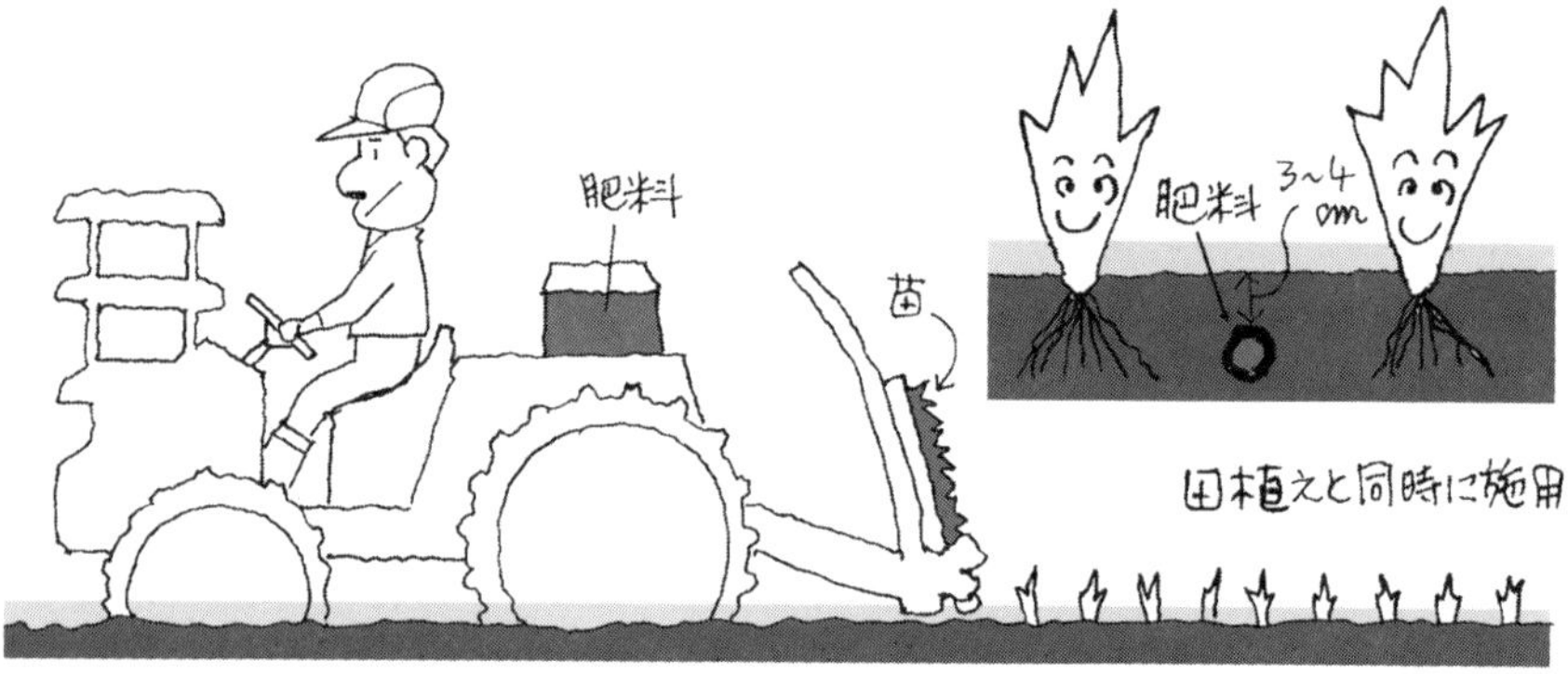

●側条施肥の問題点

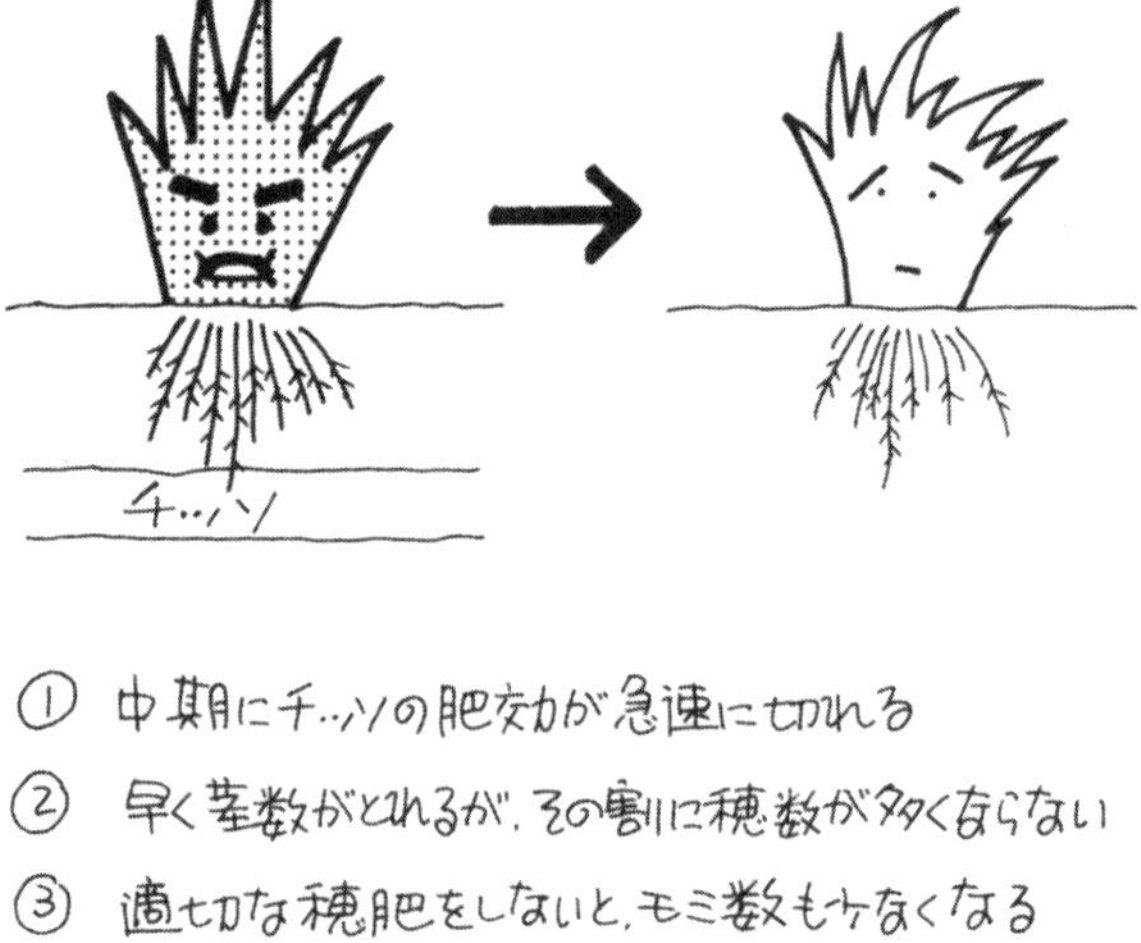

チッソが急速に切れやすいため、倒伏に弱いコシヒカリなどでは下位節間が短くなり倒伏が軽くなる。

基肥チッソも水管理もじっくり型で

このような側条施肥のイネの特徴に合わせて、肥培管理のやり方が通常の栽培と変わってくる。まず基肥チッソだが、初期の肥効が高く初期生育がよくなる点から、基肥チッソの総量は減らすことができる。通常全層施肥（チッソで一〇アール当たり二～三キロ）より二〇パーセント程度減らせるが、これは品種のタイプによって異なる。本編で述べたAタイプ（47ページ参照）のなかで、穂数によって収量を上げる早生品種は、基肥チッソの総量をあまり減らせない。ただしその場合も、じっくり型の基肥チッソ量で十分である。それ以外のAタイプや、B、Cのタイプの品種群の場合は減らすことができる。側条施肥は初期の肥効がよいから、そのぶん、基肥を減らすことがじっくりイナ作につながる。しかし実際には、多肥になっていることが多い。

先に、側条施肥のイネは中間で早くからチッソ切れの状態になりやすいので、有効茎歩合が低くなってしまうと述べたが、基肥を減らすと、いっそう中期のチッソ切れが激しくなるのではないかと心配になる。しかし実際には、初期がじっくり育つぶん、肥効が長びくという面もあり、心配はいらない。

さらに、中期の肥切れを解消するために、基肥チッソに緩効性肥料を混合した側条施肥専用の肥料がある。この肥料には、LP五〇日タイプがチッソ成分で約三〇パーセント含まれている。この緩効性肥料が含まれている肥料を基肥に使うと、有効茎歩合の低下が抑えられる。

ムギ跡などの晩植栽培で側条施肥をやる場合は、この緩効性肥料は必要ない。遅い移植では、葉色が淡くなり、チッソ切れを起こすころには穂肥が施用されるからだ。この場合、初期の分げつが多いという側条施肥の特性がうまく穂数確保につながる。

側条施肥の水管理は、じっくり型の間断かん水で通すのがよい。中干しをやるとチッソ切れが大きく、側条施肥の弱点が強く出てしまう。中間のチッソ切れがあらわれない湿田では、田んぼの条件に合わせて軽い中干しするのは同じである。

つなぎ肥はやらず穂肥を早める

側条施肥のイネのもう一つの特徴に、倒伏が軽くなること、穂が小さくなりやすいことがある。これも中間でのチッソ切れによるが、この点をカバーするには、つなぎ肥をやるのではなく、穂肥時期を全層施肥の場合よりも早めることで対応する。つなぎ肥をやるとイネが乱れるだけでなく、穂肥の判断がむずかしくなり、といって穂肥を打たないと穂が小さくなってしまう。

穂肥時期は、本編で述べたじっくり型の場合より三〜四日早める。コシヒカリは全層施肥では出穂前一五〜一八日であったが、側条施肥では一八〜二二日前になる。そうすることで、下位節間が比較的短く倒伏が軽いというよい点はそのままで、穂を大きくすることができる。その年の天候や生育の状況で穂肥時期を前後させることは、全層施肥のじっくり型と同じである。

早生品種では、この早い穂肥は穂数を確保するためにも役に立っている。この早い穂肥は一発穂肥を使うことで省力化もはかれる。このように、基肥チッソに緩効性肥料を混合し、穂肥を早めることで側条施肥のイネは全層施肥と同等以上の収量を上げることができる。

収量構成要素の目標は、全層施肥のじっくり型の目標と変わりがないが、穂数はやや少なめで一穂モミ数はやや多く、総モミ数は同程度～やや少なめになる。途中の生育の目安は、最高分げつ期の茎数は全層施肥に比べて少なく、それ以降はほぼ同等である。出穂前三〇日ごろにおおよその茎数と葉色を調べ、それによって適正値より高ければ穂肥を三～五日遅らせればよい。適正値より低いケースはあまりないが、その場合は二～三日穂肥を早める。中間のつなぎ肥はやらず、生育によって穂肥時期を変えるだけである。

側条施肥栽培用の基肥全量施肥（基肥一発）も普及

穂肥を省略した、省力栽培のための基肥全量施肥も普及している。側条施肥の初期生育が良く、中間の肥料切れが大きいという特徴に対応して、基肥に相当する速効性チッソをやや控え、逆に肥効がやや早めの緩効性肥料を用い、早めの穂肥に似せている。多収をねらう技術ではないが、省力技術として取り入れるのもよい。ただ側条施肥の基肥一発でも、好天の場合、葉色が淡くなりすぎる場合がある。可能であれば全量基肥の場合と同様（88ページ参照）、穂肥を施用すると、一穂モミ数が増加し収量は明らかに向上する。

【番外編】知っておきたい 雑草イネとその対策

雑草イネは、今後問題になるので少し説明する。雑草イネは栽培したものでなく、田んぼでふつうのイネに混じって生えてくる異品種イネだ。長野県や岡山県で古くから広く確認されていたが、関東各県にも広がりつつある。

雑草イネってなに？ 特徴は？

大まかな特徴は以下の点である。

①ノゲが長くて着色していたり、稈長が長いなど、イネの姿が違う。

②最大の特徴が脱粒しやすいこと。出穂後二週間ぐらいから脱粒し始め、風で穂が揺れるだけでも脱粒する。

③モミが褐変したり、玄米が赤～紅色に着色する。

雑草イネは古代米や在来の赤米とは違い、由来はまだ明確でないが、外国イネとの交雑種で脱粒する系統が生き残ったのではないかとも考えられる。穂が出るまでは、外見から見分けるのはむずかしい。以前からまれに混じる脱粒しない異株（雑穂）は雑草イネではないので、混同しないように。

脱粒しやすいので、モミ（種子）が田んぼに落ちてどんどん増える。周りのイネの収量が減る。長野県では、直播栽培に侵入すると、通常イネと雑草イネが同じように出芽、生育してくるので、防除のしようがなく、対策のとれる移植栽培に戻している。また玄米が着色するので、混じると着色粒として規格外になってしまう。ライスセンターなどで混入すると甚大な被害をこうむる。発生混入した農家のコメを、色彩選別機にかけて取り除くしかない。

雑草イネの見極めだが、出穂期はコシヒカリ並みか遅いものが多く、稈長は概して長い。ノゲはだいたい長いが、中には短いものもある。モミの色は褐変しているものが多い。玄米は大きめで赤い。決定的な特徴は脱粒しやすい点である。全国各地で発見されてきており、今までのものと違う新しいタイプもある。

雑草イネはきわめて脱粒しやすいので、他の田んぼにも容易に広がる。かん漑水で運ばれて水口から拡散したり、農作業機に付着して広がる。堆肥にも混じって、畜産農家との堆肥交換でも侵入する。休眠性もありダラダラと発生するモミもあり、除草剤でも一度には防除できない。

雑草イネ撲滅対策

①雑草イネを見つけたらまず徹底的に抜き取る。発見したら株ごと抜く。出穂二週間後には脱粒し始めるので、できるだけ早く抜き取る。遅れ穂（株）もあるので、何回か時期をずらして抜き取る。抜いた株はすぐに田んぼの外へ持ち出して処分する。抜き取れないほど繁茂している場合は、刈り分ける。近所の田んぼにも発生していないか見て回り、地域ぐるみで抜く（発生を隠していると、いつの間にか地域全体に広まってしまう）。

②発生した田んぼの機械作業は最後に行ない、機械をよく洗って機械による拡散をさせない。発生した田んぼは秋耕せずに、雑草イネのモミを鳥に食べさせ、さらに冬の寒さにさらして死滅させる。

③最近は自家採種する人は多くないが、飼料米などで行なわれていて、雑草イネが混じっている事例があったので、必ず購入種子を使う。

④翌年は効果的な除草剤を体系的に使う。発生した田んぼでは、まず田植え後三日以内にソルネット、エリジャンなどの初期剤を処理し、七〜一〇日以内にヒエに強い一発剤、さらに中期剤の体系防除を行なう。直播栽培ではこの対策がとれないので、退治するまでは移植栽培に戻す必要がある。

栃木県でも、これらの対策をとった田んぼでは、二〜三年で退治することができた。その際、大切なのは地域ぐるみで情報交換することである。地域ぐるみで防除することで、問題を大きくしないですむ。もし雑草イネが収穫した玄米に混じったら、農協などに相談して色彩選別機で取り除くようにしたい。

いったん地域に広がると、防除するのが大変なのが雑草イネだ。農研機構を中心にさまざまな防除技術が開発・提案され、マニュアルにして提供されているので、参考にしていただきたい。

⇒連絡先　農研機構　中央農業研究センター 広報チーム
〒305－8666　茨城県つくば市観音台2－1－18　TEL：029－838－8481

あとがき

前著『あなたにもできる　安心イネつくり』を改訂するにあたり、前著にさまざまな感想、意見、質問をお寄せいただいた全国の稲作農家のみなさんに感謝いたします。また、さまざまな試験データ、現場情報を提供していただいた栃木県の農業試験場スタッフ、普及指導員の方々に感謝します。

さらに、全国のさまざまな試験研究成果も活用させていただきました。お礼申し上げます。

この改訂版をまとめるにあたっても、わかりやすいイラストを描いて下さったトミタ・イチローさん、文章をまとめていただいた農文協編集部に感謝申し上げます。

令和元年十月

山口正篤

著者略歴

山口　正篤（やまぐち　まさひろ）

1950年　栃木県生まれ
1974年　京都大学農学部農学科（作物学）卒業
1976年　栃木県農業試験場勤務
同試作物部長、育種部長、また栃木県技術指導班長、県農業環境指導センター所長などを経て、2011年退職。その後、全農とちぎの技術顧問を務め、現在は実家に帰農、2.5haのイネを栽培しながら技術指導を続けている。
　2003年に「栃木県稲作向上グループ」として日本作物学会技術賞、2010年に農業技術功労者表彰を受賞。
　著書に、本書の旧版『あなたにもできる　安心イネつくり』（農文協、1993年）、『新版　米の事典－稲作からゲノムまで』（共著、幸書房、2002年）がある。

イラストでわかる
新版 安心イネつくり

2019年 12月15日　第1刷発行

著者　山口　正篤

発行所　一般社団法人　農山漁村文化協会
〒107-8668　東京都港区赤坂7丁目6－1
電話　03(3585)1142（営業）　03(3585)1147（編集）
FAX　03(3585)3668　　振替　00120-3-144478
URL　http://www.ruralnet.or.jp/

ISBN978-4-540-19120-6　　DTP製作／㈱農文協プロダクション
〈検印廃止〉　　印刷／㈱新協

製本／根本印刷㈱
Printed in Japan　　定価はカバーに表示
乱丁・落丁本はお取り替えいたします。